循環経済入門

——廃棄物から考える新しい経済

笹尾俊明
Toshiaki Sasao

岩波新書
1987

はじめに

大量生産・大量消費・大量廃棄型の経済活動によるごみ問題が大きな社会問題として認知されてから、半世紀以上が過ぎた。この間、ごみ問題の何が解決し、何が課題として残されているのだろうか。日本では廃棄物処理政策を発展させ、3R（リデュース・リユース・リサイクル）を旗印に「循環型社会」を推進してきた。その成果として現在では、廃棄物の排出量は減少傾向にあり、PETボトルのようにリサイクルが人々に浸透し、リサイクル率が向上しているものもある。一方、欧州では、欧州連合（EU）を中心に「サーキュラーエコノミー（以下、循環経済）」に向けた動きが活発になっており、持続可能な製品政策など分野横断的な制度やルールづくりが進められている。日本の「循環型社会」とEUの「循環経済」はどちらも、天然資源の効率的な利用や廃棄物・環境負荷の削減を通じて、「持続可能な社会」を構築しようとする点で類似している。他方で両者には大きな違いがある。それは「循環型社会」があくまでも廃棄物処理政策の延長線上で3Rを推進してきたのに対し、「循環経済」は3R推進にとどまらず、製品の供給網や消費スタイルも徹底的に見直し、経済の仕組みを再設計する成長戦略であるという点だ。すなわち、「循環型社会」では不充分であったリユース・リサイクル産業の育成や、モノのサービス化・製品の長寿命化等につながる新たな産業の創出といった、付加価値を生み出す経済活動が「循環経済」では重視されている。

持続可能な社会の実現に向けて求められているのは3R推進だけではない。地球環境問題では特に気候変動対策が喫緊の課題であり、産業革命以前と比べた気温上昇を1・5度ないし2度未満に抑えるために、2050年までに温室効果ガスの排出量を実質ゼロにする(森林など自然の吸収量の範囲に抑える)カーボンニュートラル(炭素中立)が求められている。一方、世界経済の拡大に伴い、天然資源の需要は旺盛である。とりわけ特定の産出国に偏在する資源では、地理的な位置関係によって政治的・社会的・軍事的な緊張が高まる地政学的リスクへの懸念が大きい。日本が脱炭素と資源の安定的な確保を実現しながら、持続可能な社会を実現するためには、循環型社会から循環経済への移行が欠かせない。そのためには、様々なモノの生産・流通・消費・廃棄に関する経済の仕組みを変えていく必要がある。

本書では循環型社会から循環経済への移行を目指して、持続可能な生産・消費、そして廃棄物処理・資源循環のあり方について経済学的な観点から考える。米ミシガン大学名誉教授の故リチャード・C・ポーター氏は廃棄物に関する問題を経済学的に考えるメリットについて、次のように述べている。「経済学は、廃棄物市場がどんな場合に、どのようにして、どれほどひどく失敗しているかを示し、廃棄物に関する市場の失敗を修正するさまざまな現実の政策や提案された政策の費用と便益を推計することで、廃棄物政策に道しるべを与えてくれる」(ポーター 2005, p. 8)。そして、市場や政策に関する二つの質問、すなわち「現状を変えることで人々を平均的により良くできるのか」「現状をより少ない資源で実現できるのか」に行き着くことを指摘した(ポーター 2005, p. 10)。これらの観点は本書の問題意識とも合致する。

本書で展開される主なメッセージは以下の五つである。

- 持続可能な社会の実現に向け、循環経済への移行は不可欠だ。
- 循環経済への移行に向けて、モノの生産や消費のあり方が問われている。
- 循環経済では、モノの生産・流通から消費・廃棄までのライフサイクルを通した便益と費用、そして環境影響を考慮する必要がある。
- 循環経済では、モノの生産・流通から成る動脈産業と廃棄物の回収・処理から成る静脈産業の連携がポイントとなる。

・循環経済への移行には意識啓発だけでなく、人々の行動変容を促す経済的インセンティブが必要だ。

各章の概要は以下のとおりである。

第1章では、廃棄物とはどのようなものかを踏まえた上で、循環型社会から循環経済への移行が求められる背景について述べる。これまで日本では循環型社会の形成を目指し、新しい法律の整備や既存の法律の改正などの政策を進めてきた。一方、欧州、特にEUでは近年、循環経済への移行に向けた動きが活発になっている。本章では、日本が進めてきた循環型社会とEUの循環経済の共通点を踏まえた上で、両者の違いに注目する。そして、脱炭素を含む持続可能な社会を実現するためには循環経済への移行が不可欠であることを述べる。

第2章では、便益と費用の観点から、環境と経済の両面で最適な廃棄物処理・資源循環のあり方を考える。循環経済では、モノの生産段階から廃棄物処理・資源循環に係る費用・環境影響などの社会的費用を考慮すべきだ。廃棄物処理には環境保全や環境整備など様々な便益がある一方で、収集運搬、焼却などの中間処理、埋立処分、再資源化のすべてに費用がかかる。実際にはこれらの私的費用に加え、温室効果ガスや有害物質の排出、騒音などの環境影響(外部費用)が発生し、それらは社会的費用として捉えられる。不法投棄など不適正処理が行われた場合、社会的費用はより甚大になる。本章では、不法投棄が発生する経済的要因や防止策についても経済学的な観点から考察する。

第3章では、廃棄物処理・資源循環における効率性と公平性に着目する。循環経済では効率性も重要であり、廃棄物処理のスケールメリットを活かすためには広域処理が有効であることを述べる。一方、公平性への配慮も必要だ。廃棄物処理の広域化は施設を持つ地域と持たない地域の格差をもたらし、それが処理施設の設置に対する抵抗感を強める可能性がある。廃棄物処理施設はその必要性を認めながらも、自分の近隣に設置されるのは嫌だという「近隣迷惑施設」として捉えられることが多い。中でも、原子力発電所から発生する放射性廃棄物をどこで処分するかは究極の課題である。本章では、グローバル化する資源循環にも注目し、循環経済では資源廃棄物の有用性(資源性)を重視しながらも有害性(汚染性)を抑制することの重要性を指摘する。

第4章では、循環経済で不可欠な経済的インセンティブについて取り上げる。これまでよく行われてきた人々への意識啓発だけでは、循環経済の実現は困難である。循環経済への移行には消費者や生産者に対し、継続的に廃棄物を削減し、資源循環を促す動機付けとなる経済的インセンティブが欠かせない。本章ではその代表例として、ごみ処理有料化、産業廃棄物税、デポジット(預かり金払い戻し)制度の三つの経済的手法を取り上げ、それぞれの効果と課題について述べる。

第5章では、拡大生産者責任の考え方と実際の適用事例を紹介する。拡大生産者責任とは使用済み製品の処理または処分に関して、生産者が物理的責任か財政的責任の少なくとも一方を負うという政策アプローチであり、循環経済への移行に不可欠な考え方である。本章ではまず拡大生産者責任の基本的な考え方を踏まえ、その背景や目的、手段と評価のポイントについて解説する。そして、国内で拡大生産者責任を採用した事例として、容器包装廃棄物と家電廃棄物の各リサイクル制度を紹介し、制度導入による効果と課題について述べる。また、循環経済への移行を進める欧州の事例も紹介し、今後の拡大生産者責任の可能性について考察する。

第6章では、循環経済を進めるべき重点分野として注目されている、食品廃棄物・食品ロスについて取り上げる。国内では食品リサイクル法の施行後、食品関連事業者による再生利用等の取り組みは進んでいるが、小売や外食産業等を中心に更なる促進が求められている。また、食品リサイクル法は主に食品関連事業者を対象とした法律であり、家庭系の食品廃棄物の再生利用等の促進は依然として課題だ。一方、日本では食品廃棄物のうち可食部分を「食品ロス」

と呼び、その削減に向けた取り組みも進められている。その要となる食品ロス削減推進法の概要を紹介し、事業者や民間の団体等による食品ロス削減の取り組み状況や今後の課題について検討する。

第7章では、循環経済を進めるべきもう一つの重点分野としてプラスチックを取り上げる。まずプラスチック排出・処理の現状を踏まえ、プラスチックの何が問題かを整理する。次に、2019年のG20開催前に発表された「プラスチック資源循環戦略」に着目し、プラスチックの排出削減・資源循環に向けた国内の対策や取り組みを紹介する。中でも、使い捨てプラスチックの象徴とされるレジ袋の削減を目的に2020年7月から導入されたレジ袋有料化に注目し、その効果について考察する。また最近、広がりつつあるレジ袋以外の使い捨てプラスチック容器や容器包装以外のプラスチック製品の削減・資源循環に向けた取り組みの一端も紹介する。そして、プラスチックのもたらす便益や、一方を良くしようとすると別の何かが悪くなる「トレードオフ」にも留意しながら、持続可能なプラスチック利用のあり方について展望する。

第8章では、これまでの章では取り上げなかった循環経済へのアプローチについて紹介する。循環経済では3Rの推進だけでなく、モノのサービス化や製品の長寿命化、シェアリング、アップサイクルなどの多様なアプローチが求められる。これらの取り組みはこれまでのモノの生産や私たちの消費のあり方を見直すものだ。本章では、循環経済への移行に向けた国内外の多様な取り組み事例を紹介しながら、その経済的な意味について考察する。最後に本書全体の内容を踏まえて、持続可能な循環経済の実現に向け、事業者間・官民間など様々な形での連携の重要性や人口減少を踏まえた成長戦略の必要性について述べる。

目次

はじめに

第1章 「循環型社会」から「循環経済」へ …… 1
1 廃棄物とは何か …… 2
2 循環型社会の形成 …… 6
3 循環型社会の実像 …… 11
4 欧州で進む循環経済 …… 18
5 「循環型社会」から「循環経済」へ …… 22

第2章 廃棄物処理・資源循環はタダではない
――便益と費用の視点 …… 27
1 廃棄物の収集も処理もタダではない …… 28
2 廃棄物収集処理の便益と費用 …… 32

3 不法投棄の社会的費用 …… 35
4 不法投棄の原因と防止策 …… 40
5 なぜ資源を循環させるのか …… 45
6 理想的な資源循環 …… 51

第3章 廃棄物処理・資源循環は他人事ではない
——効率性と公平性 …… 59
1 廃棄物処理費用は削減できるか …… 60
2 廃棄物処理の効率性と公平性 …… 62
3 究極のNIMBY問題：放射性廃棄物の管理 …… 69
4 循環経済における国際資源循環 …… 76

第4章 経済的インセンティブが生み出す循環 …… 83
1 意識啓発の限界 …… 84
2 ごみ処理有料化 …… 86
3 産業廃棄物税 …… 93
4 デポジット制度 …… 99

第5章 拡大生産者責任という考え方 ——動脈産業と静脈産業の連携 …… 107
1 拡大生産者責任とは何か …… 108
2 日本の容器包装リサイクルにおける拡大生産者責任 …… 112
3 欧州の容器包装リサイクルにおける拡大生産者責任 …… 123
4 日欧の家電リサイクルにおける拡大生産者責任 …… 130

第6章 食品廃棄物・食品ロス問題 ——循環経済の重点分野① …… 139
1 食品廃棄物のリサイクル …… 140
2 食品ロスの削減 …… 146
3 食品ロス削減に向けた取り組みと課題 …… 150

第7章 プラスチック問題 ——循環経済の重点分野② …… 157
1 プラスチックの何が問題か …… 158
2 プラスチック削減・資源循環に向けた取り組み …… 161

3 持続可能なプラスチック利用 …… 169

第8章 持続可能な循環経済に向けて …… 175
1 循環経済に向けた多様なアプローチ …… 176
2 モノのサービス化 …… 178
3 製品の長寿命化 …… 185
4 「連携」で実現する循環経済 …… 192

あとがき …… 197

引用文献・参考文献

第1章
「循環型社会」から「循環経済」へ

リサイクルのために圧縮されたアルミ缶
(岩手県内の一般廃棄物処理施設にて)

1　廃棄物とは何か

廃棄物の定義

循環経済について考える上で最初に確認すべきことは、私たちの社会でどういった種類の廃棄物がどれだけ出ているのかを理解しておくことだ。ここではまず、そもそも「廃棄物」とは何かを確認しておこう。１９７０年に制定された廃棄物処理法（正式名称：廃棄物の処理及び清掃に関する法律）では、廃棄物を次のように定義している。

ごみ、粗大ごみ、燃え殻、汚泥、ふん尿、廃油、廃酸、廃アルカリ、動物の死体その他の汚物又は不要物であつて、固形状又は液状のもの（放射性物質及びこれによつて汚染された物を除く。）（第二条第一項）

この定義をめぐって様々な議論が行われてきたが、一般には「廃棄物＝不要物」と解釈するのが自然である。不要物とは市場では価値のつかないもの、すなわち無価物である。しかし、不要かどうかは人々あるいは社会の価値判断による(北村2020)。過去には持ち主が「廃棄物ではない」と主張してきたことが一因となって、不適正な処理が助長されたり、不法投棄が長期化したりすることもあった。また、廃棄物かどうかは時と場所、経済状況によっても変わる。例えば、江戸時代にはふん尿が肥料(資源)として取引されていたが、現代では廃棄物として下水処理されている。また、日本ではタダで引き渡されるか、場合によっては費用をかけて処理される古紙や廃プラスチックも、中国などによって資源として買い取られてきた。* このように廃棄物となるか資源となるかは、人々がお金を出してまでそれを欲しいと思うかどうかという希少性で決まる。

*中国は2017年末から段階的に廃棄物の輸入規制を導入した。これについて詳細は第3章で述べる。

廃棄物の分類

日本では廃棄物は大きく一般廃棄物と産業廃棄物(以下、産廃)に分けられ、それぞれ処理のフローが異なる。一般廃棄物は産廃以外の廃棄物であり、さらに家庭系一般廃棄物(家庭ごみ)と事業系一般廃棄物(事業ごみ)に分類される。前者は文字通り、私たち一般家庭から排出されるごみであり、後者はオフィスなどの事業所、スーパー・コンビニなどの小売店、レストランなどの飲食店等から排出されるごみである。一方、産廃は「事業活動に伴って生じた廃棄物のうち、燃え殻、汚泥、廃油、廃酸、廃アルカリ、廃プラスチック類その他政令で定める廃棄物」と、廃棄物処理法で定義されている。一般廃棄物と産廃との違いを判断する上でのポイントの一つは、そこで最終的な消費が行われているかどうかにある。すなわち、農場や工場のように生産過程で排出される廃棄物は産廃に分類され、小売店や飲食店のように消費過程で排出される廃棄物は事業系一般廃棄物に区分されるのが一般的だ。ただし木くずのように、同じ廃棄物でも建設業や木材・パルプ製造業等から排出される場合は産廃に分類され、それら以外は一般廃棄物に分類されるといったように、排出される業種によって分類が変わるケースもあり、注意が必要である。一方で、プラスチックのように事業活動によって排出されたものは排出場所によらずすべて産廃に区分される品目もある。

このように、廃棄物に関する法律上の区分はやや複雑だが、大まかには一般廃棄物は私たちの日々の生活から、産廃は私たちの生活を支える産業活動から発生しており、いずれも経済と密接に関わったものであることがわかる。

では、どのようなものが廃棄物として捨てられているのだろうか。まず一般廃棄物について見てみよう。毎年詳細な組成調査を実施している京都市の家庭ごみ調査（2020年度、京都市ウェブサイトa）によると、排出割合（重量比）で見た上位3位は生ごみ（40・2％）、紙ごみ（28・5％）、プラスチック製容器包装（7・6％）であり、これらだけで7〜8割に及ぶ。このうち生ごみでは、食べられるのに捨てられた食品ロス（そのうち手つかず食品が半分程）が約35％、残りが調理くず等であり、紙ごみでは新聞、段ボール、雑がみ等リサイクルできるものが44％を占める。

また同じ年度の事業ごみ調査（京都市ウェブサイトb）によると、上位3位は家庭ごみ同様に、生ごみ（43・7％）、紙ごみ（31・0％）、プラスチック類（13・7％）であり、これらだけで9割弱に及ぶ。このうち生ごみでは、食品ロス（そのうち手つかず食品が半分程）と調理くず等が半々程度であり、紙ごみでは新聞、段ボール、雑がみ等リサイクルできるものが約3分の1を占める。

一方、全国の産廃の種類別排出量で上位3位は上下水道施設、パルプ・紙製品工場、建設現場等から出る汚泥、畜産によって排出される動物の糞尿、建設現場等から出るがれき類であり、これらだけで8割以上に及ぶ（2021年度、環境省環境再生・資源循環局廃棄物規制課2023。以下も同様）。ただし、汚泥の約9割は濃縮・脱水・焼却等により減量化され、残りもほとんどが再生利用されており、最終処分される割合は2％程だ。動物の糞尿やがれき類もそれぞれ肥料や路盤材などとして約95％が再生利用され、最終処分される割合は動物の糞尿でわずか0・1％、がれき類でも3％程である。このように産廃は発生量が多い一方で、再生利用や減量化されている割合が高い。産廃で最終処分される割合が高く、かつ量も多いのは、燃え殻、廃プラスチック類、ガラスくず・コンクリートくず及び陶磁器くず、ばいじん等である。なお業種別排出量では、上位5位を電気・ガス・熱供給・水道業、農業（畜産業含む）・林業、建設業、パルプ・紙・紙加工品製造業、鉄鋼業が占め、これらで8割以上に及ぶ。

2　循環型社会の形成

廃棄物処理から資源循環へ

戦後日本では高度経済成長期の下、国民の暮らしが豊かになるにつれて、大気汚染や水質汚濁などの公害が発生し、廃棄物の量も爆発的に増加した。高度経済成長期以前は生ごみ（厨芥）を中心とした廃棄物が多かったため、特に高温多湿な日本で懸念されたのは廃棄物を媒介とした伝染病の発生であった。そこで、増加し続ける廃棄物を衛生的に処理するために、全国各地で清掃工場(廃棄物焼却施設)の建設が進められた。しかし、清掃工場の設置をめぐっては各地で反対運動が起こり、当時の東京都のように知事が「ごみ戦争」を宣言するまで至った地域もあった。*

＊かつて東京都23区内の一般廃棄物はすべて江東区の埋立処分場で最終処分されていた。江東区からの要望を受け、都はそれぞれの区に清掃工場を建設する計画を立てたが、各地で住民の反対運動が起こり、清掃工場の建設は難航した。そうした事態を受けて、1971年に当時の東京都知事美濃部亮吉氏が「ごみ戦争」を宣言した。

その後、国や自治体は周辺環境に配慮した清掃工場の整備を推進し、1970年代半ば頃からは廃棄物を資源としてリサイクルしようという機運も高まった。その先駆けとなった静岡県沼津市では、1975年から全国で初めて可燃ごみと不燃ごみに加え、缶やガラス瓶などの資源ごみを分別収集する方式が導入された。こうした廃棄物の分別や清掃工場の整備により、廃棄物による公衆衛生上の問題はある程度解消された。

しかし、その後も廃棄物の量は増え続け、特にプラスチックごみや容器包装廃棄物、粗大ごみ等かさばる廃棄物の増加に伴い、全国的に埋立処分場の逼迫《ひっぱく》が大きな社会問題になった。日本で大量廃棄型から循環型への移行に向けて社会が大きく動き出したのは、昭和から平成へと年号が変わり、バブル経済が崩壊した後だ。

循環型社会形成推進基本法

旧環境庁(環境省の前身)に設置された中央環境審議会廃棄物部会は、1999年3月に「総合的体系的な廃棄物・リサイクル対策の基本的考え方に関するとりまとめ」を公表し、廃棄物対策と資源循環を一体的に進めるための基本的方向性を示した。一方、旧通商産業省(経済産業省の前身)でも環境と経済が統合された「循環型経済システム」への転換に向けた検討が行われ、1999年7月には同省に設置された産業構造審議会地球環境部会と廃棄物・リサイクル部会が『循環経済ビジョン』を策定した(通商産業省環境立地局2000)。同ビジョンでは循環型経済システムの基本的要素として、「枯渇性資源・エネルギーの利用を可能な限り少なくするとともに、再生可能な資源・エネルギーの利用を可能な限り多くすることにより、経済活動に新たに投入される資源・エネルギーを可能な限り少なくすること」と、「経済活動に伴う廃棄物、二酸化炭素等の温室効果ガス、ダイオキシン等の有害化学物質、重金属、窒素酸化物、オゾン層破壊物質など環境負荷物質などの生態系への排出を可能な限り少なくすること」に注目した。そして、従来のリサイクル（1R）を中心とした取り組みから、廃棄物の発生抑制（リデュース）と再利用（リユース）を加えた3Rの推進に再構築する必要性が示された。当時の通商産業省が「循環経済」または「循環型経済システム」と呼んだ概念には、「事業者・消費者・行政のパートナーシップ」や「産業の環境化・環境の産業化」といったキーワードが含まれ、後述する欧州連合（EU）が目指している「循環経済」の考え方にも通ずるものがあった。しかし、その多くは理念的な追求にとどまり、実際の政策として進められたのはあくまでも3Rであり、その実態は以下で示す「循環型社会」に近いものであった。

２０００年５月には、衆参両院において「循環型社会形成推進基本法案」が可決・成立し、２０００年６月に「循環型社会形成推進基本法」が公布・施行された。同法律では「循環型社会」を次のように定義している。

製品等が廃棄物等となることが抑制され、並びに製品等が循環資源となった場合においてはこれらについて適正に循環的な利用が行われることが促進され、及び循環的な利用が行われない循環資源については適正な処分が確保され、もって天然資源の消費を抑制し、環境への負荷ができる限り低減される社会（第二条第一項より括弧部分は省略）

ここでの「廃棄物等」には、廃棄物処理法で定義された「廃棄物」だけでなく、生産等で副次的に得られた「副産物」も含まれ、市場価値の有無を問わない点が特徴だ。先述の廃棄物処理法では、基本的に無価物が規制や管理の対象とされていたため、市場の動向によって有価となったり、無価または逆有償となったりする廃棄物・資源の取り扱いが難しいという問題があった。ここで逆有償とは、廃棄物の排出者が処理業者にお金を支払う状況を指す。また、「循環資源」とは「廃棄物等」のうち有用なものを意味し、「循環的な利用」には再利用（リユース）・再資源化（リサイクル）・熱回収が含まれる。

このように循環型社会形成推進基本法では、廃棄物等の発生抑制・再利用・再資源化の３Rを通じて、天然資源の消費を抑制し、環境負荷を削減することを目指している。そして究極の目的として、現在及び将来の国民の健康で文化的な生活の確保に寄与することを掲げており、これは「持続可能な社会」の形成にもつながる。

この基本法の制定と前後する形で、容器包装リサイクル法、家電リサイクル法、自動車リサイクル法、建設リサイクル法といった各種品目別のリサイクル関連法も施行された。その後も、食品リサイクル法や小型家電リサイクル法などが制定・施行され、循環型社会の形成に向けた国内の法制度は2000年代に入ってある程度整備された。

3 循環型社会の実像

国内の3R進捗状況

では実際に、私たちの社会はどこまで循環型社会に近づいているのだろうか。ここで、三つのRそれぞれの進捗状況をデータで確認しておこう。最初のRはリデュース(発生抑制)である。一般廃棄物(災害廃棄物を除く)の排出量は図1-1に示すように、2000年度の5500万トン弱をピークに減少し、2021年度には4100万トン弱まで減少している(環境省ウェブサイトa)。一人一日あたり排出量(2011年度以降は外国人人口を含めて計算)で見ても、2000年度の1185グラムが、2021年度には890グラムまで減少している(環境省ウェブサイトa)。一方、産廃の排出量は図1-2に示すように、1996年度の約4億2600万トンをピークに増減を繰り返した後、2009年度以降は4億トンを切り、2021年度には約3億7057万トンまで減少している(環境省ウェブサイトb)。しかし、減少率で見ると一般廃棄物ほどは大きく減少しておらず、量も依然として多い。

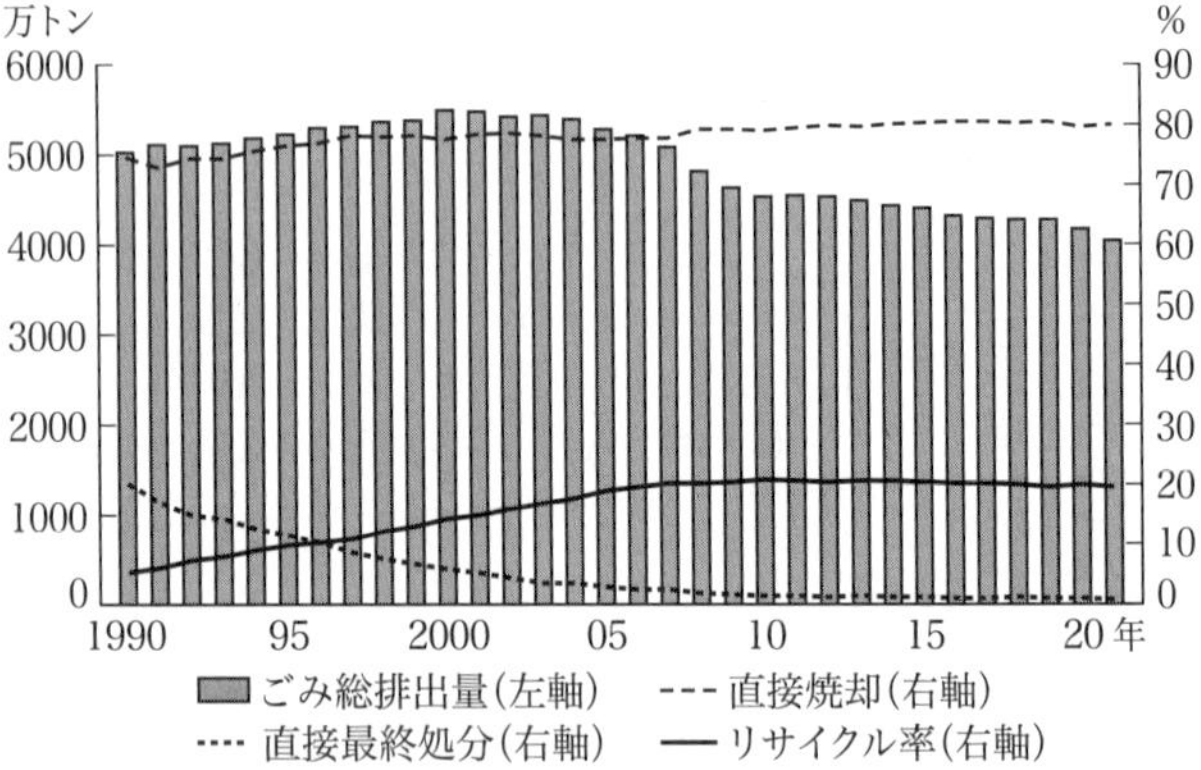

注：ごみ総排出量は一般廃棄物の計画収集量，直接搬入量，資源回収量の合計である．ただし1995年以前は資源回収量を含まない．

出典：環境省ウェブサイトａより筆者作成

図1-1　一般廃棄物排出量及び処理内訳の推移

次に二つ目のR、リユース(再利用)の状況について見てみよう。リユースとは使用済みの製品(または部品の一部)をそのまま、あるいは洗浄や修理をして、再び(または繰り返し)利用することを意味する。最近では、脱プラスチックへの関心も高まり、外出の際マイボトルを持参し、PETボトルや使い捨てプラスチック製容器の利用を減らすなどして、リユースに取り組む人も増えているように見受けられる。一方で、ビール瓶やお酒の一升瓶などのリユース瓶(洗浄して繰り返し利用される瓶で、リターナブル瓶とも呼ばれる)の利用は縮小傾向が続いている(環境省2011)。では、社会全体としてリユースはどのような状況になっているのだろうか。リユースについては廃棄物として排出される前のものも含まれるため、廃棄物

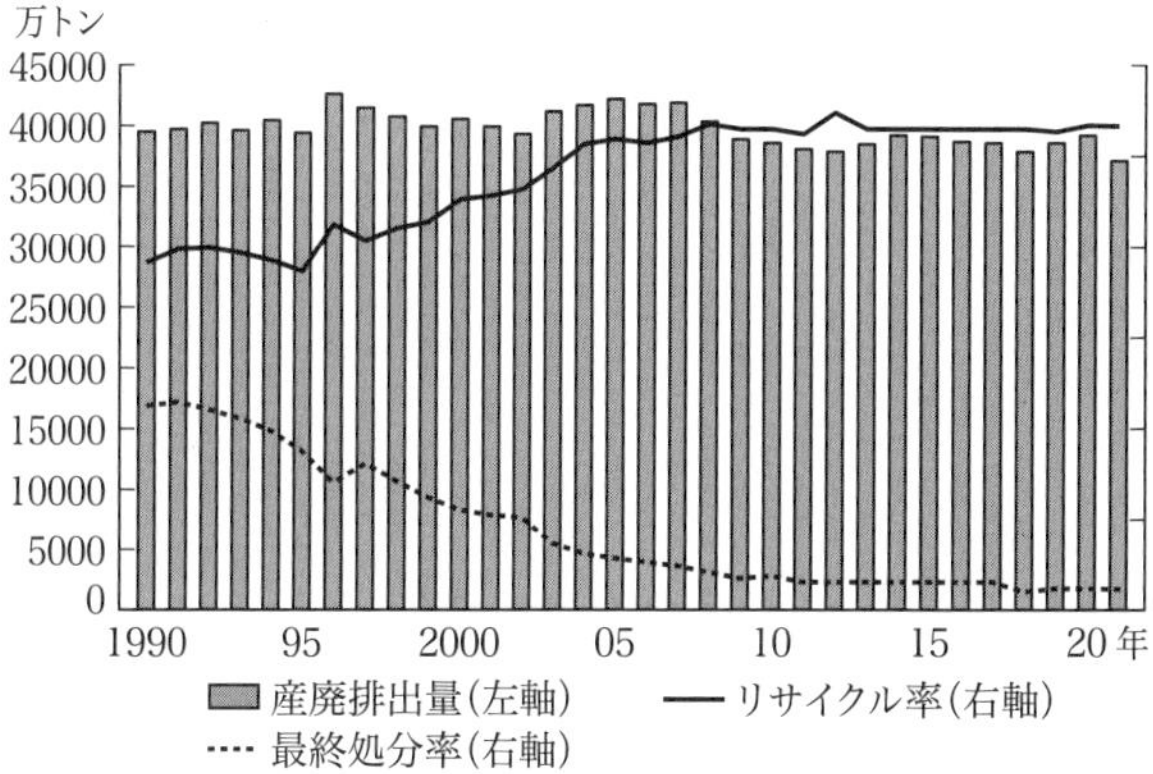

注：1995年度以前は排出量の推計方法が一部異なる.
出典：環境省ウェブサイトbより筆者作成

図1-2　産廃排出量及び処理内訳の推移

の排出量やリサイクル率のように、物量単位でのまとまったデータは作成されていない。そのため、ここではリユースの浸透状況を知る一つの目安として、環境省環境再生・資源循環局総務課リサイクル推進室(2022)のリユース市場規模の調査結果を参考にする。それによると、２０１２年度に約３兆１０４７億円であった市場規模は、２０２１年度に約３兆２４９２億円とやや増加している。ただし、リユース市場規模の約３分の２は古くから中古市場が発達していた自動車とバイクが占め、それらを除くと同期間に約１兆２６６億円から１兆２３２８億円へと２割程増加している。

そして三つ目のR、リサイクル(再資源化)の状況について見てみよう。リサイクルとは廃棄物等を原材料やエネルギー源として有効利用することを意味する。リサイクルの推進状況は品目ごとにかなり異なるが、まずは全体的な指標として、一般廃棄物のリサイクル率（（直接資源化量＋中間処理後再生利用量＋集団回収量）／（ごみの総処理量＋集団回収量）に１００を乗じた値）を確認する。なおここで、集団回収量とは自治会・子供会等の住民団体により、自発的に回収された資源ごみの量である。リサイクル率は１９９１年度６・１％であったのが、２０００年度に14・３％、２０１０年度に21・８％でピークを迎えた後は少し低下し、その後20％前後で推移している（２０２１年度は19・９％）（図１-１、環境省ウェブサイトａ）。一方、産廃のリサイクル率（（直接再生利用量＋中間処理後再生利用量）／（排出量）に１００を乗じた値で、環境省の用語では「再生利用率」と呼ばれる）は１９９０年度38・２％であったのが、２０００年度に45・３％、２０１２年度に54・８％でピークを迎えた後はやや低下し、その後52〜53％程度で推移している（２０２１年度は53・１％）（図１-２、環境省ウェブサイトｂ）。このように産廃は一般廃棄物と比べ、排出量が多い一方でリサイクル率は高く推移しているのが特徴である。この背景には主に次の三つの要因が考えられる。①各事業所単位で見た場合、産廃は一般廃棄物と比べ、ある程度決まった種類の廃棄物が多量に排出されるためリサイクルしやすいこと、②単純な焼却や埋立であっても、廃棄物の収集運搬・処理料金がかかるため、リサイクル促進の動機が働きやすいこと、③建設リサイクル法の施行など法規制の強化や、日本経済団体連合会(経団連)をはじめとした業界ごとの自主行動計画の策定などによる影響が考えられる。

以上のように、この20〜30年間で3Rが進んだ分野とあまり進んでいない分野があるが、最終処分場に埋め立てられる廃棄物の量はかなり減少した。一般廃棄物の直接最終処分率、すなわち総処理量のうち、焼却等の中間処理を経ずに直接、最終処分場で埋立処分される廃棄物の量の割合は1990年度20・3%だったのが、2000年度に5・9%、2021年度には0・9%にまで減少している(図1-1、環境省ウェブサイトa)。以前は不燃ごみや燃やさないごみ等として埋め立てられていた廃棄物も、最近では資源ごみや焼却ごみとして扱われるようになり、処分場に埋め立てられる廃棄物はほとんど焼却灰という自治体も増えている。そうしたこともあり、一般廃棄物処分場の残余年数(これまでの排出量が続いた場合、既存の処分場はあと何年で満杯になるか)は全国平均で1991年度末に約7・8年だったのが、2021年度末には約23・5年と増加傾向にある(環境省ウェブサイトa)。一方、産廃の最終処分率は1990年度22・5%だったのが、2000年度に11・1%、2021年度には2・3%にまで減少している(図1-2、環境省ウェブサイトb)。産廃処分場の残余年数は全国平均で1992年度末に約2・3年(環境庁 1996)だったのが、2021年度末には約19・7年(環境省ウェブサイトc)と、こちらも増加傾向が続いている。

このように国内では、過去約20年間において、一般廃棄物の排出量は総量・一人一日あたり共に減少してきたものの、その減少率は緩やかになっている。また、産廃の排出量も一時期に比べると減少しているが、近年はほぼ横ばい状態だ。今後、日本では人口減少により廃棄物の総量はある程度減少すると予想されるが、一人一日あたりの排出量も減るかは予断を許さない。一人一日あたり1kg近くの一般廃棄物を排出し、その20%程度しか有効活用されていない状況や、半分強をリサイクルしながらも一般廃棄物の9倍もの量の産廃を排出している状況を踏まえれば、まだ循環型社会を実現できているとは言い難い。

世界の廃棄物排出量の見通し

一方、世界全体で見た場合、今後も廃棄物は増える見通しだ。世界銀行の予測によると、日本の一般廃棄物に近い固形廃棄物の排出量は、２０５０年には２０１６年時点の約１・５倍の34億トン程度まで増加する見込みである(Kaza et al. 2018)。これらのデータには日本で言う産業廃棄物に相当するような廃棄物や有害廃棄物は含まれていないことに注意が必要だ。今後特に増加が見込まれるのが、サハラ砂漠以南のアフリカや南アジアである。サハラ砂漠以南アフリカでは2050年に、2016年時点の約3倍の5・16億トン、南アジアでは約2倍の6・61億トンにまで増加する見通しだ。このように固形廃棄物排出量を総量で見ると人口増加の影響を受けて、開発途上国の排出割合が大きくなる傾向にある。一方、一人あたりの固形廃棄物排出量で見た場合、これら途上国地域の廃棄物量は北米や欧州・中央アジア地域と比べると依然として大幅に少ない。一人一日あたり廃棄物排出量は北米で現在2・21kgが2050年に2・50kg、欧州・中央アジアでは1・18kgから1・45kgに増加するのに対し、サハラ砂漠以南アフリカでは0・46kgから0・63kgに、南アジアでは0・52kgから0・79kgへの増加にとどまる。いずれの地域でも廃棄物の削減は求められるが、先進国ではより積極的な廃棄物の削減が必要であろう。

廃棄物の削減や有効利用は持続可能な社会を実現するための、脱炭素化と並ぶ国際的な課題であり、次節以降で述べる循環経済への移行は国際的にも共通の課題である。世界の廃棄物排出量が増加を続ける中で、日本の廃棄物排出量が減少傾向にあることは、人口減少や景気の低迷という面を考慮しても注目に値する。

4　欧州で進む循環経済

資源効率から循環経済へ

欧州各国でも日本と前後する形で、容器包装廃棄物や電気・電子機器、自動車等のリサイクルを促進するための制度整備が進められてきた。第5章で取り上げる拡大生産者責任の導入など、欧州と日本の取り組みは似ている面もあるが、料金徴収の方法や環境汚染対策の考え方など異なる面もある。特に使用済み電気・電子機器や自動車などで顕著に見られるように、ＥＵでは単に使用済み製品の回収・再資源化だけでなく、製品に含まれる有害物質の使用を制限するといった製品政策も強化されてきた。後者の事例として、電気・電子機器における特定有害物質の使用を制限するRoHS（ローズ：Restriction of the use of certain Hazardous Substances in electrical and electronic equipment の略）指令（２００６年7月施行）などがある。製品設計上の配慮は基本的に製造業者に任せられている日本とは対照的である。また欧州委員会では、製品の製造・使用・廃棄のライフサイクルすべての段階で発生する環境影響を最小化することによって、財・サービスの最終消費に伴う資源効率を改善し、環境影響を削減することを目指す「統合的製品政策」についての提案書を２００１年に採択しており、早くから持続可能な製品政策を重視していたことがうかがえる(European Commission 2001)。

2010年3月に欧州委員会が策定した「欧州2020」では、2020年に向けた新たな成長戦略における三つの優先事項の一つとして、より資源効率的で環境に配慮した、そしてより競争力の高い経済を促進する「持続可能な成長」が掲げられた。ここで「資源効率的」とは、より少ない資源で、より大きな経済的価値を生み出すことを意味する。「欧州2020」の基幹プロジェクトの一つとして、2011年1月に「資源効率的な欧州」が、同年9月にはそのロードマップが発表された(European Commission 2011a, 2011b)。欧州が資源効率の必要性を認識するようになった背景として、次のような点が指摘されている。①天然資源は私たちの経済に不可欠な資源である。②人口増大や経済拡大に伴い、天然資源への依存度は高まり、資源の安定供給を脅かしている。③これまでのような資源利用は持続可能な経済の足枷となる。一方で、④効率的な資源利用は経済成長や雇用拡大の要因にもなりうる。また⑤温室効果ガス削減にも寄与する。

2015年12月に欧州委員会は資源効率の考え方を拡張し、「サーキュラーエコノミー(以下、循環経済)」を新しい経済成長戦略として位置付けた「循環経済行動計画」を発表した(European Commission 2015)。この中で、循環経済は資源の採掘・抽出・生産・消費・廃棄を基本とした直線経済（リニアエコノミー）と対照的な概念として位置付けられた。東海大学副学長で慶應義塾大学名誉教授の細田衛士氏は循環経済を、「単に廃棄物の発生・排出抑制を目指すのではなく、技術的・組織的・社会的イノヴェーションをヴァリューチェーン全体で促すことによって生産物連鎖の最初の段階から廃棄物の発生を回避するよう設計された経済」と定義している（細田 2015a）。ここでヴァリューチェーンとは、原材料の調達から製品の生産・流通・販売・廃棄までの一連の事業活動を価値の連鎖で捉えたものである。なお同年には、循環経済を推進するイギリスの団体であるエレン・マッカーサー財団が書籍『The Circular Economy: A Wealth of Flows』の初版を出版した（レイシー、ルトクヴィスト 2019）。

European Commission（2014）では、循環経済の二本柱として「揺りかごから揺りかごまで（cradle to cradle）の原則」と「産業共生（industrial symbiosis）」が掲げられた。前者は製品の製造から使用後までのすべての段階（ライフサイクル）で、あらゆる製品に対して環境配慮設計の適用を要求するものだ。具体的には、①生産段階でできる限り再生不可能な資源や有害物質を使用せず、再生可能な資源を使用したり、製品の長寿命化や再利用可能性を向上させたりすることや、②消費・使用後の段階で製品を回収し、リサイクルしたり、生ごみを堆肥化したり、メタンガス化してエネルギー利用したりすることが含まれる。一方、後者は工場や農場等で発生した廃棄物や廃熱を、別の工場や農場等が原料やエネルギーとして活用するなどして、異なる業種を含む事業者が相互に連携・協力することを意味する。これによりスケールメリット(規模の経済)や、輸送などのサービス・副産物の共有を通じて事業者間の相乗効果を生み出すことが期待される。なお、循環経済行動計画では重点分野として、プラスチック、食品廃棄物、希少原材料、建設・解体、バイオマス(木材や農産物等の生物由来資源)が挙げられた。

２０１９年12月には欧州委員会が、フォン・デア・ライエン新委員長の就任に合わせて、新たな成長戦略である「欧州グリーンディール」を発表した。これは、２０５０年時点での温室効果ガス排出の実質ゼロと、経済成長と資源利用の連動を切り離した(デカップリング)、資源効率的で競争的な経済の実現を通じて、欧州を公正で豊かな社会に移行することを目指した成長戦略である。このグリーンディールを受けて２０２０年3月に発表された「新・循環経済行動計画」では、ＥＵ内における持続可能な製品政策を法制化し、ＥＵ市場で販売される製品について、長期間の使用・再利用・修理・リサイクルが容易な製品設計や、再生素材の可能な限りの活用を義務化することを目指している(European Commission 2020)。使い捨て製品を制限し、売れ残りの耐久財の廃棄なども禁止される予定である。なお重点分野として、電子・情報機器、バッテリー・自動車、容器包装、プラスチック、衣類、建設・建物、食品・水・栄養素が挙げられた。中でも注目されるのが「デジタル製品パスポート」と呼ばれる仕組みである。これは、製品に使用されている物質の種類や質、そして製品の設計から廃棄・回収までの全履歴を電子的に記録して、オンライン上で閲覧可能にするシステムであり、「揺りかごから揺りかごまでのパスポート」や「マテリアルパスポート」とも呼ばれる。その一例であるバッテリーパスポートでは、産業用、電動自転車・スクーター用（2kW超）、電気自動車用のバッテリーを対象に、バッテリーの性能や耐久性、履歴について、QRコードから閲覧できるようにする仕組みなどが検討されている（Council of the European Union 2023）。

5 「循環型社会」から「循環経済」へ

「循環経済」と「循環型社会」の共通点・相違点

EUの「循環経済」と日本の「循環型社会」両者の共通点は、どちらも持続可能な社会を目指して、天然資源の効率的な利用や廃棄物・環境負荷の削減を促進する点にある。すなわち、いずれも経済における物質フローの上流の資源問題と下流の廃棄物問題の両方を改善しようとしている（森口 2016）。

一方、両者には根本的な相違点がある。日本の循環型社会は基本的に廃棄物処理政策の延長線上で3Rを推進してきた。これに対し、EUの循環経済は3R推進にとどまらず、製品の供給網や消費スタイルも徹底的に見直し、経済の仕組みを再設計する成長戦略である(梅田・21世紀政策研究所 2021)。例えば、第8章で取り上げるモノのサービス化や製品の長寿命化といった点は循環型社会では充分考慮されていない。また、循環経済のように新たな産業を生み出したり、育成したりする経済政策としての側面は弱い。さらに、EUが欧州27カ国での国境を越えた取り組みであるのに対して、日本の循環型社会は基本的に国内での取り組みとして進められてきた。第3章4節で述べるように、様々な再生資源が国境を越えて移動する現代社会において、循環経済の推進は国内に留まらず、東アジア・東南アジアなど近隣諸国を巻き込んで取り組むべき課題である。こうしたEUの動きを踏まえ、日本でも経済産業省が1999年7月に策定した『循環経済ビジョン』を更新し、2020年5月に『循環経済ビジョン2020』を発表した(経済産業省 2020)。同ビジョンではEUの循環経済と同様の方向性が示されている。

資源が安く、二酸化炭素をタダで排出できる時代は終わった

廃棄物の3R以外にも、世界が直面する環境・資源政策上の課題がある。主要な課題の一つ

は気候変動の緩和、具体的には産業革命以前と比べた気温上昇を1・5度ないし2度未満に抑えるために、2050年までに二酸化炭素などの温室効果ガスの排出量を実質ゼロにするカーボンニュートラルが求められている。脱炭素化の動きは、炭素税や排出量取引などのカーボンプライシング(炭素排出の価格付け)の導入を促進し、国内でも遅ればせながらそれらの本格的導入に向けた議論が行われている。* こうした国内外の動向は、かつてのように二酸化炭素をタダで排出できる時代ではないことを意味する。

*国内でも2012年10月から「地球温暖化対策のための税」が導入されているが、欧州など他国で導入されている炭素税と比べると税率が極めて低く、その効果は限定的である。政府は2050年カーボンニュートラル実現のために、2026年度から二酸化炭素を対象とした本格的な排出量取引の導入を、2028年度から二酸化炭素賦課金の導入を目指している。

もう一つは、脱炭素化の動きにより化石燃料枯渇の懸念が低下した一方で、今後も需要が見込まれる電子機器や電気自動車などに使用されるレアメタル(希少金属)や貴金属については資源量の不足が心配され、それらの資源価格はここ数年、上昇傾向にある。また長期的に見ると、アルミニウム、銅、鉛、亜鉛といったベースメタルでも資源価格が上昇している(World Bank 2021)。さらに、農業や畜産業に欠かせない肥料や飼料も世界経済の拡大やコロナ禍の影響により需給が逼迫し、輸入価格は上昇傾向にある（農業協同組合新聞 2022、農林水産省農産局技術普及課 2022）。２０２２年に始まったロシアによるウクライナ侵攻はこうした状況に拍車をかけた。以前と比べ円安傾向が続く日本にとって、これらの資源が安く手に入る時代は終わった。

持続可能な社会に不可欠な循環経済

日本では廃棄物処理政策の延長線上で循環型社会形成のための政策が進められてきた。一方、欧州の循環経済は持続可能な社会を実現するための成長戦略として、炭素排出の実質ゼロと並ぶ主要施策に位置付けられている。限られた資源を有効活用し、天然資源の投入を抑制する必要性は今まで以上に高まっており、多くの国でそうした認識が共有されつつある。実際、フランスの提案によって国際標準化機構（ＩＳＯ）に設けられた専門委員会（ISO/TC323）の下で、循環経済に関する国際規格の発行に向けた議論も行われており、日本もメンバーに加わっている（ISOウェブサイト）。持続可能な社会を実現するためには、これまで日本が目指してきた「循環型社会」には足りなかった資源政策と廃棄物政策、さらには経済政策との統合が求められている。循環経済への移行によって、資源の効率的な利用が可能になれば、コスト削減につながるとともに、二酸化炭素の排出削減にも寄与する。

このように、循環経済と脱炭素社会は両立可能だし、持続可能な社会を実現するために両者を両立させていくべきだ。事業者は自らが提供する製品やサービスのライフサイクルを通じて、効率的な資源利用に加えて、温室効果ガスや化学物質の排出も最小化した製品・サービスを提供しなければならない。私たちも消費者の立場で、そうした事業者が提供する製品・サービスを積極的に利用することで、脱炭素や循環経済の取り組みを支援することが可能である。これはいわゆる「エシカル消費(倫理的消費)」と呼ばれる消費活動につながる。消費者庁の定義によると、エシカル消費とは「地域の活性化や雇用などを含む、人・社会・地域・環境に配慮した消費行動」のことを言う(消費者庁ウェブサイト)。エシカル消費が注目される背景には、製品の機能や品質の向上だけでなく、その製品の普及が環境問題などの社会課題の解決やそのためのルールづくりにつながるかといった面での、消費者の関心の広がりがある。こうした消費者と事業者双方の取り組みは、２０１５年の国連サミットで採択された持続可能な開発目標(以下、ＳＤＧｓ)の目標12「持続可能な消費・生産様式を確実なものにする」にもつながる。以上のように、循環経済と脱炭素社会は持続可能な社会をつくるための両輪であり、その実現には政府や自治体による政策の実施を待つだけでなく、消費者と事業者双方の働きかけも重要だ。

第2章
廃棄物処理・資源循環はタダではない
便益と費用の視点

原状回復事業実施時の青森・岩手県境産廃不法投棄現場
（青森・岩手県境にて）

1　廃棄物の収集も処理もタダではない

タダほど高いものはない？

2020年以降、新型コロナウイルス感染症の拡大に伴い、私たちの日常生活を支える様々な仕事に携わる人々がエッセンシャルワーカーとして注目されるようになった。ごみの収集や処理に関わる仕事もその一つである。私たちは食料や日用品、衣類などを購入して消費する限り、生ごみや容器包装廃棄物などのごみを出さずには生活ができない。もし自治体によるごみの収集処理サービスがなければ、ごみを保管するスペースがなくなったり、生ごみの悪臭や腐敗が進んだりして、快適な生活を維持できなくなるだろう。決められた曜日に決められた場所にごみを出せば収集されるのが当たり前になっている私たちにとって、こうした恩恵を普段はあまり感じないかもしれない。しかし実際には、私たちはごみの収集処理サービスから大きな便益を受けている。

第4章2節で述べるように、家庭から排出されるごみの収集に手数料を徴収（有料化）する自治体も増えてきたが、今もなお国民の半数以上は無料のごみ収集サービスの恩恵を受けている。

経済学の基礎理論でも「自由処分の仮定」というのが前提とされてきた。これは、あるモノの供給が需要を上回った場合の超過供給分（余った分）は環境中にタダで捨てられる（無料で処分できる）という仮定である。しかし当然のことながら、実際にはごみの収集処理はタダではできない。一般廃棄物の場合、全国平均で国民一人あたり年間１万７０００円の費用をかけて、収集処理されている（２０２１年度、環境省環境再生・資源循環局廃棄物適正処理推進課 2023）。家庭ごみの収集処理が有料化されている自治体でも、その費用のすべてを手数料として徴収している訳ではなく、手数料収入で足りない分は一般財源から拠出されている。一方、産廃の場合、民間事業者が収集処理を行ってきたこともあり、通常は費用に見合う料金が徴収されている。

多くの廃棄物は、収集運搬、焼却・リサイクルなどの中間処理、中間処理後の残さ等の運搬、（一部は中間処理を経ずに直接）埋立など最終処分のプロセスを経ることが一般的であり、すべてに費用がかかる。これらは実際に金銭で支払われる費用であり、経済学では「私的費用」と呼ばれる。また費用には、廃棄物の排出量（処理量）とは無関係に発生する「固定費用」と、廃棄物の排出量（処理量）と比例して発生する「可変費用」がある。前者の例として、処理施設の設置費用、収集運搬車の購入費用、人件費、啓発活動・集団回収・不法投棄防止対策・各種計画策定などの管理費用等が挙げられる。もちろん廃棄物の排出量が大きく増加すれば、処理施設や収集運搬車、人員を増やす必要があるが、ある程度までの変動であれば、既存の施設や車、人員で対応できるだろう。一方、後者の例として、収集運搬や処理のための燃料費、機械設備等の修繕費、光熱水費、排ガス処理等のための薬剤費、その他処理に関する維持管理費などが挙げられる。

さらに、処理施設の設置によって周辺地域にもたらされる環境面でのリスクや、処理施設や収集運搬車からの二酸化炭素の排出といった負の影響がある。経済学では、消費者や生産者の経済活動が市場を経由せずに他の消費者や生産者に影響を与えることを「外部性」と呼んでおり、外部性に伴う負の影響を「外部費用」と呼ぶ。したがって、こうした廃棄物の収集処理に係る負の影響も外部費用とみなされる。また、私的費用と外部費用の合計を「社会的費用」と呼ぶ（外部費用のみを指して社会的費用と呼ぶ場合もある）。外部費用にも廃棄物の排出量（処理量）と無関係に発生する固定費用と、排出量（処理量）に比例して発生する可変費用とがある。前者の例として、処理施設の設置によって周辺地域にもたらされる環境リスクや景観の悪化等による周辺地価の下落などが挙げられる。こうした地価下落は処理施設の設置というマイナスのイメージから生じるものであり、処理される廃棄物の多寡によって大きく変動しないと考えられる。一方、後者の例として、収集運搬車や処理施設から排出される二酸化炭素や、収集運

表 2-1　廃棄物の収集処理に係る社会的費用

	私的費用	外部費用
固定費用	処理施設の設置費用 収集運搬車の購入費用 人件費 管理費用（啓発活動，集団回収，不法投棄防止対策，各種計画策定などに係る費用）	処理施設設置に伴う環境面でのリスクや景観の悪化 処理施設周辺の地価下落
可変費用	収集運搬費用（燃料費など） 処理費用（燃料費，修繕費，光熱水費，薬剤費，その他処理に関する維持管理費など）	処理施設や収集運搬車からの二酸化炭素などの排出，悪臭，騒音，交通渋滞への影響

搬車の通行による騒音・交通渋滞への影響といった外部費用の大きさは排出量に比例するだろう。表2-1は廃棄物の収集処理に係る社会的費用の例をまとめたものである。

家庭ごみの収集処理を行政サービスの一環として税金で行うことにはメリットとデメリットがある。メリットは、所得にかかわらず住民が平等に、安定したごみ収集処理サービスを享受できることで、周辺の生活環境も保全される。一方でデメリットは、いくらごみを排出しても追加的な負担は変わらないため、3Rへの動機が弱まる。かつては行政サービスの一環として税金で行うことのメリットが重視されてきた時代もあったが、結果的にごみの大量排出につながった。その反省からデメリットが注目されるようになり、ごみ処理有料化を導入する自治体が増えてきた。有料化を含む経済的インセンティブについては、第4章で詳しく取り上げる。

2　廃棄物収集処理の便益と費用

廃棄物排出の便益と費用

これまで見てきた廃棄物収集処理に係る便益と費用の両方を考慮すると、社会にとって最適な廃棄物の排出量がわかる。これを簡単な図を使って考えてみよう。

図2-1は廃棄物の排出に係る便益と費用の関係を示している。図の横軸は廃棄物の排出量であり、収集処理量とみても良い。縦軸は何らかの消費や生産活動によって、廃棄物排出量を一単位（1kgや1トンなど）増加させた場合に得られる追加的な便益、あるいは排出に伴って発生する追加的な費用を表す（費用同様、便益も金銭単位で表されるものとする）。ここで前者を限界便益、後者を限界費用と呼ぶ。さらに費用には私的費用と外部費用がある。一般に廃棄物を排出することによる便益は排出量の増加に伴い大きくなるが、その増え方は緩やかになる（逓減する）と考えられる。なぜなら私たちが出す廃棄物の量には限度があり、身の回りの廃棄物が減少するからだ。したがって図では、限界便益は右下がりの直線で描かれている。一方、廃棄物を排出することによる私的費用（廃棄物を収集処理するための経費）は排出量の増加に伴

い増えるが、ここでは話を簡単にするために、その増え方(私的限界費用)は一定と仮定している。例えば、最初に排出された廃棄物1kgの処理費用が50円なら、100kg排出された時点での追加の廃棄物1kgの処理費用も50円といった具合である。このため図では私的限界費用が水平線で描かれている。また、私的限界費用に限界外部費用を加えた社会的限界費用は右上がりの直線で描かれている。すなわち、社会的限界費用と私的限界費用の差が限界外部費用に相当する。ここでは、廃棄物排出量の増加に伴い外部費用は大きくなり、その増え方も大きくなる(逓増する)と想定し、社会的限界費用を右上がりの直線で表現している。その理由は以下のようなものである。例えば、廃棄物の焼却によって排出される二酸化炭素の量は廃棄物の増加に比例して増えるが、二酸化炭素排出に伴う気候変動による被害はある一定水準を超えると、その影響が拡大し、被害の規模が膨れ上がっていく恐れがある。こうしたことが他の環境汚染でも起こりうることから、廃棄物の排出増に伴い、外部費用が逓増する状況を想定している。

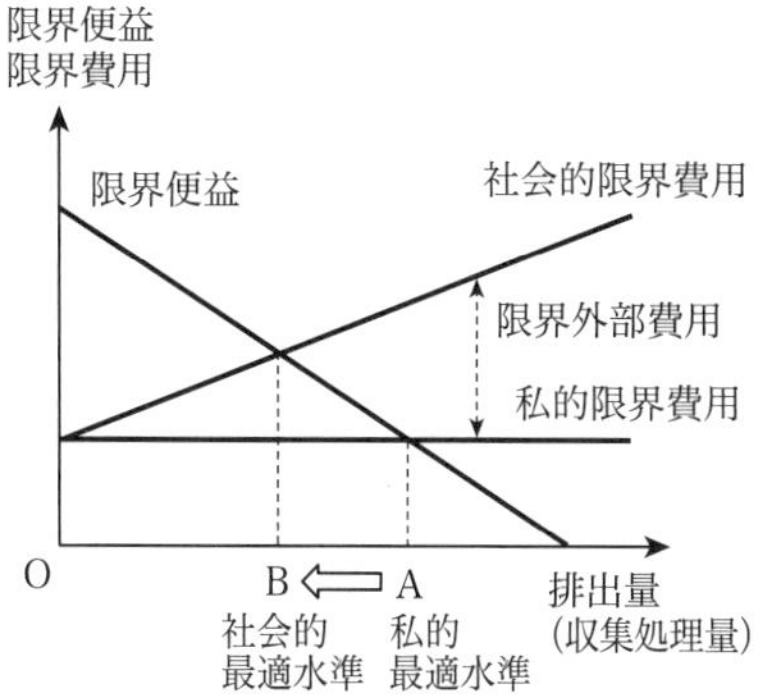

図 2-1　廃棄物排出の便益と費用

最適な廃棄物排出量とは

図2―1で最適な廃棄物の排出量はどの水準になるだろうか。もし廃棄物の収集処理に伴う外部費用を無視すれば、私たちは限界便益と私的限界費用だけを考慮して排出量を決定する。すなわち、両者の交点であるAの水準まで廃棄物を出すのが合理的である。なぜなら、もしAを超えて廃棄物を出せば、私的限界費用が限界便益を上回り、損をするからだ。逆にA以下であれば、限界便益が私的限界費用を上回り、廃棄物の排出を増やすことでまだ得をする。しかし外部費用を考慮すると、Aは最適ではない。限界便益と社会的限界費用の交点であるBの水準まで廃棄物を減らすことで、社会的限界費用から限界便益を引いた差額の社会的な損失を減らせるからだ(もしBを超えて廃棄物を削減すれば、失われる限界便益が削減できる社会限界費用を上回り、損をする)。したがって外部費用を考慮すると、Bが最適な水準となる。すなわち、外部費用を考慮した場合、AとBの差分は過大な排出量であることがわかる。このように外部費用を経済計算に取り込んで、社会的に最適な水準まで廃棄物や汚染物質の排出量を減少させることを、経済学では「外部性の内部化」と呼ぶ。

ここで、廃棄物は少なければ少ないほど望ましいので、最適な排出量はゼロと思うかもしれない。しかし、図2-1で確認したように、最適な廃棄物の排出量はゼロとは限らない。例えば、第7章でも取り上げるプラスチックは海洋汚染の原因になりうるが、その利便性も考慮すれば、あらゆるプラスチックの使用を直ちに止めるという選択肢は現実的には考えにくい。最適排出量がゼロに限りなく近づくのは、少量の排出でも外部費用が非常に高い場合である。例えば、水銀やPCB(ポリ塩化ビフェニル)*のような有害性が極めて高い廃棄物が考えられる。

*不燃性や絶縁性に優れ、化学的にも安定していることから、かつては変圧器やコンデンサ、感圧複写紙など幅広い用途に使用された。現在は製造も使用も禁止されている。

3　不法投棄の社会的費用

なくならない廃棄物の不法投棄

廃棄物処理法の第一六条には「何人も、みだりに廃棄物を捨ててはならない」という規定がある。しかし、世の中には空き缶やタバコのポイ捨て、スーパーやコンビニなど店のごみ箱への家庭ごみの持ち込み、使用済み家電や粗大ごみなどの不法投棄が後を絶たない。不法投棄は私たちが目指す循環経済の「輪」を乱す行為である。特に大きな社会問題となってきたのが、産廃の不法投棄だ。不法投棄の規模が大きくなるほど、周辺の生活環境に支障を及ぼす恐れが高まり、不法投棄された廃棄物を安全に処理するには、最初から適正に処理していた場合より多くの処理費用がかかる。しかも、その費用の多くを不法投棄場所の自治体が負担せざるを得ない可能性が高まる。

産廃の不法投棄件数は１９９８年度をピークに減少傾向であるが、２０２１年度までの過去5年間でも年間１００～１６０件程度の不法投棄が発覚している(環境省ウェブサイトd)。これはあくまで発覚した件数なので、実際の不法投棄件数はこれより多い可能性がある。２０２１年度末時点でも不法投棄現場に残されている産廃の不法投棄残存件数は２８２２件あり、量にして約１５４７万トンに及ぶ(環境省ウェブサイトd)。投棄されている廃棄物の種類としては、件数・量ともに、がれき、木くず、建設混合廃棄物などの建設系廃棄物が約7～8割を占めている。不法投棄というと廃棄物処理業者によるものが多いと思われているかもしれないが、不法投棄の実行者は件数で見た場合、排出事業者が最も多い。そもそも、廃棄物処理法の第三条で「事業者は、その事業活動に伴つて生じた廃棄物を自らの責任において適正に処理しなければならない」とある。また同第一一条では、「事業者は、その産業廃棄物を自ら処理しなければならない」とある。特に後者を根拠にしている原則が産廃処理の排出事業者責任だ。ただし多くの場合、排出事業者は専門の収集運搬業者に廃棄物の処理を委託しており、それは法律でも認められている。しかし第一義的には、排出事業者に産廃の処理責任があり、産廃の不法投棄は実際には排出事業者の問題でもある。

国内最大規模の不法投棄：青森・岩手県境産廃不法投棄事件

これまで国内で発生した不法投棄で最も規模が大きかったのが、青森・岩手県境産廃不法投棄事件である。これは青森県田子《たっこ》町と岩手県二戸市にまたがる原野27 haに容積で約１０６万m³、重量で１５１万トンもの産廃が不法に投棄された事件だ（以降も含め、本事件に関するデータ等は岩手県ウェブサイトを元にしている）。これらの数値は汚染土壌を除く廃棄物だけの量であり、容積では東京ドーム１杯分近い量に相当する。青森県側で11 haのエリアに約79万m³（１１５万トン）の、岩手県側で16 haのエリアに約27万m³（36万トン）の産廃が確認された。それまで国内最大規模の不法投棄と言われていた香川県の豊島《てしま》（容積約61万m³、重量90万トン、汚染土壌含む）を上回る規模である。投棄された廃棄物の種類としては、燃え殻や汚泥などが多く、医療系廃棄物や有機溶媒（他の物質を溶かす性質を持ち、塗装・洗浄・印刷など様々な用途で用いられる有機化合物）なども含まれていた。

１９９９年に不法投棄が発覚し、２００３年から本格的な原状回復事業が実施された。２０１３年から14年にかけ廃棄物は全量撤去されたが、その後も汚染土壌の浄化が行われた。現場に不法投棄された産廃の排出元となった事業者の数は1万２０００社以上に及び、その約9割が首都圏の業者であった。原状回復にかかる費用は７０８億円（青森県側４７７億円、岩手県側２３１億円）と推計され、その社会的費用の大きさがうかがえる。本来は不法投棄を行った廃棄物処理業者が原状回復に係る費用を負担すべきだが、実行者にそれだけの大金を支払う能力はなかった。そこで青森・岩手両県は排出事業者の責任追及調査を実施した。しかし、当時の法律ではほとんどの排出事業者に法的責任はなかった。２００３年6月に国は本事案や香川県豊島等の不法投棄事案の原状回復を促進するために、産廃特措法（正式名称：特定産業廃棄物に起因する支障の除去等に関する特別措置法）を当初10年間の時限立法として施行した。この特措法により本事案の原状回復費用に対する国庫補助は約6割にまで拡大した。また一部の排出事業者が社会的責任を考慮して、自主的に産廃の撤去や費用の納付を申し出、それらも原状回復事業に充てられた。しかし残りは結局、青森・岩手両県民の負担となった。

ところで、この不法投棄された大量の産廃はどこでどのように処理されたのだろうか。通常の産廃の受け入れでさえ、近隣住民の抵抗感が強い場合があるのに、不法投棄された産廃となると、そのままでは処分先を見つけるのは一層困難だ。そこで浮上したのが再生利用の道である。幸い青森・岩手両県には民間のセメント工場があり、不法投棄された廃棄物の大半を占める燃え殻や汚泥などはセメントの原燃料として再生利用された。塩素濃度が高いなどの理由でセメント工場では受け入れられない廃棄物については、近隣の民間処理施設で焼却(溶融)処理された。

当初の計画では、2012年度までの10年間で原状回復事業を終える予定であった。しかし、投棄されていた廃棄物の量が当初の見込みより増えたこと、また事業途中で環境基準の見直し(1,4-ジオキサンと呼ばれる有機化合物の追加)や東日本大震災が発生したことなどがあり、産廃特措法の期限が10年延長され、両県の原状回復事業も10年延長された。そして、廃棄物量の比較的少なかった岩手県側では、延長期限である2022年度内で事業(水質監視のための定期的なモニタリングを除く浄化対策)を完了した。一方、青森県側では2022年度内での事業完了には至らず、2023年度以降も引き続き国の財政支援を受けながら、2027年度まで水処理等の浄化対策を継続することとなった。

原状回復事業というのは、あくまでも周辺の生活環境に支障をもたらさない状態にすることであり、必ずしも元の状態に戻すわけではない。そもそも不法投棄の規模が大きくなるほど、本事案のように廃棄物をすべて撤去することは難しくなる。なぜなら大量の廃棄物を受け入れて、処理する先を見つけるのが困難になり、費用も多くかかるからだ。したがって一定規模以上の不法投棄になると、現場に不法投棄された廃棄物を封じ込め、水処理等を行い、長年に渡って管理するという場合も多い。一般に現場での封じ込めの方が撤去する場合より、短期的な費用は安く済むが、管理期間が長くなれば、長期的な費用はかえって高くつく可能性もある。少なくとも不法投棄場所の周辺住民の多くは廃棄物の完全撤去を望む。本事案の場合、岩手県では早くから知事が廃棄物の完全撤去を表明したのに対し、青森県では廃棄物の量が多かったこともあり、当初は現場での封じ込めを基本とする案を表明していた。しかし、地元住民からの強い要望を受け、結局青森県も廃棄物を完全撤去する方針に転換した。ただ、廃棄物を撤去すれば、それで原状回復事業が完了するわけではなく、その後の土壌汚染の除去にも多くの時間とお金(社会的費用)がかかることを本事案は示している。

4　不法投棄の原因と防止策

不法投棄はなぜ起こるのか

そもそも廃棄物の不法投棄はなぜ起こるのだろうか。空き缶やタバコのポイ捨てであれば、ごみ箱を探すのや持ち運ぶのが面倒といった理由だろう。一方、産廃の不法投棄の場合、不法投棄実行者への聞き取り(『令和4年版警察白書』)によると、最も多い理由が「処理経費の削減」で、その次が「処分場の手続きが面倒」というものである(国家公安委員会、警察庁 2022)。このことから不法投棄は単なるモラルの問題ではなく、主に経済的な動機によって行われていることがうかがえる。

不法投棄するにも、廃棄物を人目のつかない所まで車で運んだりするためのコストがかかる。加えて、不法投棄が見つかった場合には罰金などの刑罰が科せられる。これには不法投棄が見つかるかどうかという確率的要素が含まれるが、経済学ではこれらも「期待費用」(確率を考慮した平均値である期待値を含んだ費用)と呼び、費用に含めて考える。不法投棄の期待費用は次のような式で表される。

不法投棄の期待費用 ＝ 不法投棄するのに実際にかかる費用 ＋ 不法投棄の発見確率 × 罰金(罰則)

この期待費用が適正処理した場合にかかる費用を下回れば、不法投棄をした方が得になり、不法投棄を誘発すると言える。

不法投棄が発生する経済的背景には、排出事業者と処理業者の間の情報格差も関係している。これは経済学では「情報の非対称性」と呼ばれ、理論的には以下のように説明される(細田2012)。一般に、排出事業者は不要になった廃棄物への関心は低く、できる限り安い費用で処理する処理業者を求めがちだ。実際、排出した廃棄物がその後どのように処理されているか、排出事業者はよく知らない場合が多い。先述のように、処理の手続きが面倒に感じる場合、排出事業者自身が不法投棄する可能性もある。一方、処理業者の方は廃棄物の処理方法や履歴をよく知っているが、自らの利潤を最大にするために、できる限り安い費用で処理したいという動機が働きやすい。結果的に、適正処理を行うために相対的に高い処理料金を徴収する健全な業者は市場から淘汰され、安価で不適正な処理を行う業者が生き残ることになりかねない。このような市場の状況を、経済学では「逆選択」や「逆選別」と呼ぶ。

不法投棄の防止策

以上を踏まえれば、不法投棄を防止するためのアプローチは大きく以下の三つが考えられる。

①不法投棄の期待費用を引き上げる。②適正処理の費用を引き下げる。③情報格差(情報の非対称性)を是正し、逆選択(逆選別)を防止する。

①の不法投棄の期待費用を引き上げるアプローチは、これまで実際に進められてきた対策である。これには発見確率を向上させる方法と罰則の強化がある。前者の例として、パトロール強化や不法投棄されそうな場所への監視カメラの設置などがある。後者の例としては、廃棄物処理法における罰則強化が挙げられる。例えば、1991年の法改正時に6カ月以下の懲役または50万円以下の罰金であった不法投棄の罰則は、1997年、2000年、2003年、2010年の改正で段階的に引き上げられ、現在では個人に対しては5年以下の懲役または1000万円以下の罰金(両方が適用される場合も)、法人に対しては3億円以下の罰金が課せられる。これは環境関連の法律では極めて厳しい罰則である。

②の適正処理の費用を引き下げるアプローチは、現実にはなかなか難しい対策である。なぜなら、適正処理を行うには相応の費用がかかるためだ。環境意識の高まりやそれを受けた環境関連の規制強化に対応するため、今後処理費用が上昇することはあっても、低下することはないだろう。しかし一方でそれは、費用が高く競争力の弱かったリサイクルとの価格差を縮小させ、資源化ルートの競争力を高め、リサイクルを促進するインセンティブにもなりうる。廃棄

物が不法投棄されないように、行政はリサイクルを含む幅広い処理ルートに関する情報を提供し、排出事業者と共有することが求められる。

③は言わば廃棄物処理市場の構造改革である。先述の青森・岩手県境などの大規模産廃不法投棄事案を受けて、排出事業者責任の強化や収集処理業者の育成が行われてきた。前者については例えば、排出事業者が適正な収集運搬・処理料金を負担していない場合や、収集処理業者によって法律違反が行われることを知っていた場合、あるいはそれを知り得た場合などに、たとえ排出事業者自身が不法投棄を行っていなくても、一定の責任が課されるように法改正された。こうした規制強化によって、排出事業者はこれまで関心の低かった廃棄物の収集処理が適正に行われるかに注意を払い、より慎重に委託業者を選ぶようになることが期待される。また後者の収集処理業者の育成については、中小企業や零細企業が多い廃棄物収集処理業の実態も関係している。一概には言えないが、一般に大企業に比べて、中小・零細の廃棄物収集処理業者の情報公開は遅れてきた。そうした中、大規模不法投棄があった岩手県では、全国に先駆けて2004年から国内で初めての廃棄物収集処理業者の優良事業者認定制度の運用を開始した。この制度には、収集処理業者の情報公開を積極的に行うことで、排出事業者が収集処理業者を選択する際に有用な情報を提供しようという狙いがある。具体的には、県条例に基づき知事の

指定を受けた機関である岩手県産廃処理業者育成センターが、業者からの申請書類と現地調査(積替保管*なしの収集運搬業者については書類審査のみ)に基づいて、優良事業者の認定を行う。当初は適合の有無だけの評価であったが、２０１０年からは評価結果に応じた3段階の格付けに移行している。その後、２０１１年からは国の優良産廃処理業者認定制度の運用も開始された。こうした制度の導入は排出事業者と収集処理業者の間の情報格差を是正し、逆選択の防止につながると期待され、循環経済でも重要な役割を果たすだろう。

*積替保管とは、廃棄物を一時的に運搬車両から降ろし、保管・積替する作業のことであり、ここでは特にそのための場所のことを指す。具体的には、廃棄物の排出現場から小型車両で運んできた廃棄物を、まとめて大型車両に積み替えて処理施設に運搬するケースなどがある。

5　なぜ資源を循環させるのか

環境保全のためだけではない資源循環

本章2節で見た廃棄物の収集処理の便益と費用の議論は、リユースやリサイクルといった資源循環にも当てはまる。そもそも、なぜ私たちはリユースやリサイクルをするのだろうか。環境に良いからだろうか。実は、リユースやリサイクルは必ずしも環境保全のために始められたわけではない。

リユースの代表例として、古くから日本で行われているビール瓶や一升瓶の再利用がある。これらは空瓶を洗浄して、20〜30回繰り返し再利用されている。こうしたリユースは今でこそ環境保全のイメージが強いが、元々はガラス瓶が貴重で高価であったために、ビールメーカーや酒造会社が自社で保持する瓶をできるだけ有効活用したいという経済的動機によって生まれた。ビールメーカー等は瓶を効率よく回収するために、1本5円の保証金を商品価格に上乗せして販売し、瓶が返却された際に5円を返金する「ビール瓶保証金制度」を運用してきた。同制度は業界団体ではデポジット制度とは呼ばれていないが、事実上、第4章4節で紹介するデポジット制度に相当する。一方、アルミ缶のように資源の希少性に加え、リサイクルによるエネルギー消費の節約が大きいために、一貫してリサイクルが推進されてきたものもある。また、自動車のように新車の価格が高いために中古車市場が発達し、リユースが普及するとともに、廃車後も鉄スクラップ価値の安定的な高さのために、リサイクルが積極的に行われてきたものもある。

しかし、輸入などを通して、資源が安価で大量に手に入るようになると、リユースやリサイクルよりも、一から生産した方が安上がりになるものも出てきた。その代表例がプラスチック製品である。このように、資源やモノが高価だった時代に、経済的な理由で始まったリユースやリサイクルなどの資源循環にも、現在では天然資源の消費抑制、そして二酸化炭素や有害物質の排出削減といった環境保全の目的が加わっている。

資源循環の便益と費用

改めて、なぜ私たちはリユースやリサイクルといった資源循環を行うのか。それは資源を循環させることで便益が得られるからだ。例えばリサイクルすることで、新品の原材料を購入する費用や、焼却・埋立処分に係る費用を節約することができる。またそれによって、天然資源の保全や最終処分場の延命、そして二酸化素などの環境負荷も削減可能となる。一方、資源循環にもコストがかかる。例えば、資源となる廃棄物の収集運搬、リサイクルの前処理としての分別・洗浄・圧縮等、そして再資源化そのものにもコスト(私的費用)がかかる。また、リユースやリサイクルと言えども、多くの場合、分別回収や処理の工程で資源やエネルギーの投入が必要で、二酸化炭素の排出を伴い、場合によってはそれ以外の環境負荷(外部費用)も発生する。したがって、資源を循環させることで環境負荷が減るかどうかはケースバイケースである。

表2-2　資源循環の便益と費用

便　益	費　用
新規資源等の費用節約 焼却・埋立費用の節約 天然資源の保全 最終処分場の節約・延命 環境負荷の軽減	収集運搬費用 分別・洗浄・圧縮などの費用 リサイクル処理費用 環境負荷の増加

資源循環による便益と費用をまとめると、表2-2のように表される。

二酸化炭素排出などの環境面(外部費用)と(私的)費用などの経済面で、どの処理方法が望ましいのかを評価する際に注意が必要なのは、何を基準とするか、何と比べるかである。例えば、リユースする場合としない場合、リユースとリサイクルの場合、リサイクルと単純な(エネルギー回収を行わない)焼却・埋立の場合など、様々な状況が想定される。リサイクルの場合、何らかの製品を製造する工程も含まれるため、単純な焼却・埋立と比較する場合は、焼却・埋立に加え、新しい原材料で同等製品を製造する段階での費用や環境影響も考慮しなければ、対等な評価にはならない。

最適なリサイクル率とは

資源循環による便益と費用を比べて、どの程度、資源を循環させるのが望ましいのだろうか。最適なリサイクル率がどのように表現できるか、再び図を用いて考えてみよう。図2-2はリサイクルに係る便益と費用の関係を示したものだ。図の横軸はリサイクル率であり、縦軸はリサイクル量を1単位（1kgや1トンなど）増加させた場合に得られる追加的な便益、すなわち限界便益と、追加的な社会的費用（私的費用＋外部費用）、すなわち社会的限界費用を表している。図2-1で見た廃棄物排出量の場合と同様に、リサイクルについても限界便益と社会的限界費用が等しくなる所が最適なリサイクル率となる。つまり、リサイクルによる限界便益が社会的限界費用を上回る限りリサイクルを行い、下回ればリサイクルしない。例えば、限界便益と社会的限界費用がそれぞれ限界便益1と社会的限界費用1のように表された場合、Aが最適なリサイクル率となる。ここでできるだけたくさんリサイクルするのが望ましいと考える人もいるかもしれないが、実際には先述したリサイクルにかかる私的費用や外部費用、すなわち社会的費用も考慮する必要がある。例えば、リサイクルせずに焼却・埋立する場合よりも多くの二酸化炭素がリサイクルによって排出し、社会的費用が増加していては、

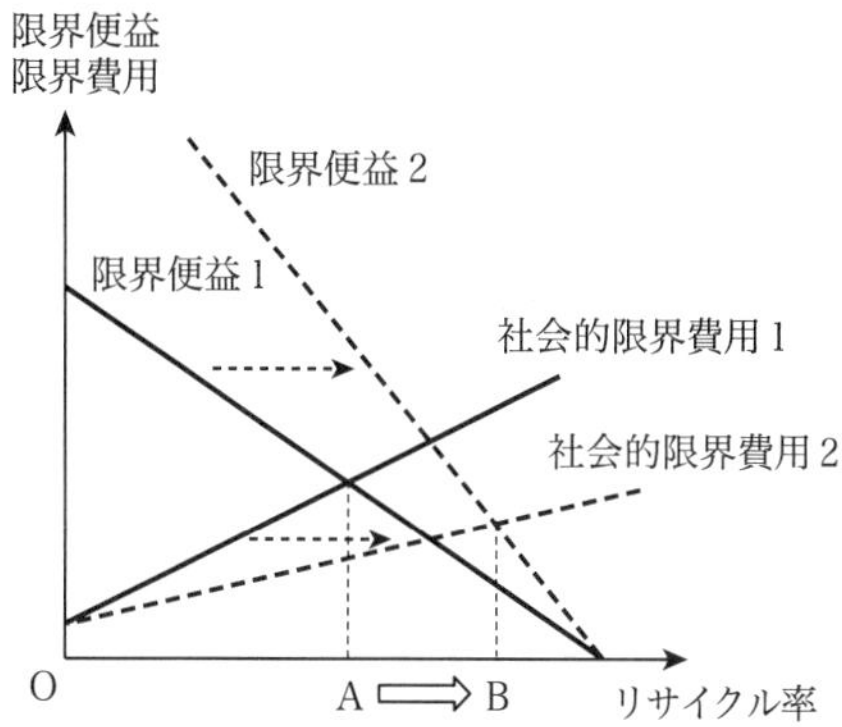

図2-2　最適なリサイクル率

それを上回る他の便益がない限り、合理的ではない。これらのことは最適なリサイクル率が必ずしも１００％とはならないことを示唆する。

では、日本の一般廃棄物の最適リサイクル率は何％程度なのだろうか。米バックネル大学教授のT・C・キンナマン氏、関西大学教授の新熊隆嘉氏、東海大学教授の山本雅資氏らがかつて行った研究によると、一般廃棄物の最適リサイクル率は外部性を考慮しても10％程度と推計された(Kinnaman et al. 2014)。第1章3節で紹介したように、実際のリサイクル率はその研究が発表された当時も現在と同じ20％前後であったため、最適水準を上回る過剰なリサイクルを行っていたということになる。筆者自身も含め、多くの人にとってこの結果は直感に反し、とりわけ3Rを推進してきた行政担当者等にとってはショッキングな結果であっただろう。

しかし現在のように、天然資源の希少性や温室効果ガス削減の圧力が高まり、循環経済への期待が膨らむなどして、人々のリサイクルに対する評価(リサイクルへの期待)が上がれば、最適なリサイクル率は上昇する可能性がある。これを図2-2で示すと、限界便益1は限界便益2のように右側にシフト(移動)する。また、処理方法の見直しや技術革新等により、リサイクルの社会的費用が削減できれば、社会的限界費用も図の社会的限界費用2のように右側にシフトする。そうすると、両者の交点も移動し、最適なリサイクル率がBのように上昇する可能性がある。ただし、こうした議論の前提として、天然資源の希少性や温室効果ガス排出の外部性などがきちんと市場価格に反映される必要がある。したがって、社会が天然資源の希少性をどのように評価するか、またリサイクルに係る社会的費用をいかに抑制できるかが、最適なリサイクル水準の向上をもたらす鍵となる。

6　理想的な資源循環

なぜ水平リサイクルは望ましいのか

リサイクルの中でも理想的とされるのが水平リサイクルである。水平リサイクルとは使用済み製品を同じ種類の製品に再資源化することを指し、古新聞から新聞紙への再生や、使用済みアルミ缶からアルミ缶への再生「CAN to CAN」などの例がある。最近では、使用済みＰＥＴボトルからＰＥＴボトルに再生する「ボトル to ボトル」(あるいは PET to PET)と呼ばれる水平リサイクルが注目されている。ボトル to ボトルは以前からあった技術だが、費用面で課題があった。近年は経済性も向上し、プラスチック問題への関心の高まりもあり、普及しつつある。２０２１年度時点のＰＥＴボトル飲料の販売量に対するボトル to ボトルの割合は20・３％

であった が（ＰＥＴボトルリサイクル推進協議会 2022）、清涼飲料の業界団体である全国清涼飲料連合会は２０３０年までに50％まで引き上げる目標を立てている。

なぜ水平リサイクルは望ましいのだろうか。この点を考えるためには、再生されたモノの需要を考える必要がある。「混ぜればごみ、分ければ資源」と言う標語が昔からあるように、とにかくごみの分別を熱心に行えば、環境が良くなると考えている人もいるかもしれない。確かに分別排出はリサイクルの基本であり、その後の工程をスムーズにする資源循環のはじめの一歩だ。しかし、資源がきちんと循環するかどうかは分別後の状況にもよる。分別された資源ごみを再利用・再資源化して活用する人や企業がいないと循環しない。つまり、ごみの分別だけでなく、リサイクルされたものを私たちが積極的に購入しないと、循環の輪は回らない。

このとき排出された資源ごみの量と利用される量が一致するのが理想だ。すなわち、リサイクルにも需要と供給があり、両者のバランスが重要となる。ここで需要とは再生品を購入・消費することであり、供給とは廃棄物を資源として排出することである。例えば、生ごみを分別して堆肥にしても、それを積極的に利用しないと、製造した堆肥が余り、場合によっては焼却・埋立される可能性もある。特に堆肥の場合、利用（需要）される地域や時期が限定されるのに対して、生ごみは地域や時期によらず、いつでもどこからでも排出（供給）される。細田

(2015b)が指摘したように、廃棄物は市場の相場とは関係なく排出されることから、需給をバランスさせるのが難しい。一方(水平リサイクルではないが)、生ごみを発酵させて発電するなどエネルギーとして利用できれば、時期や地域を限定せず利用されるため、需給をバランスさせやすい。

水平リサイクルの場合、消費量が毎年一定であれば、利用する分だけ資源ごみが排出されるので、理論上それらはすべて消費され、廃棄されるごみは出ないことになる。* 消費量が毎年増加するような状況でも(減少しない限り)、排出された資源ごみはすべて消費され、廃棄されるごみは出ない。リサイクルによってエネルギー消費量や二酸化炭素排出量などの環境負荷が増えない限り、水平リサイクルは持続可能なリサイクルと言える。

＊実際には不純物が混ざるなどして、１００％リサイクルは厳密には不可能と考えられる。

一方、再生物の質の劣化に応じて再資源化を行う、カスケードリサイクルと呼ばれる方法もある。カスケードとは滝を意味する。利用方法や技術的な制約から水平リサイクルが難しい場合、特にカスケードリサイクルは有効である。例えば、紙の中でも比較的品質の高いＯＡ用紙を使用した後、古紙として回収し、新聞紙に再生する。新聞紙はＯＡ紙ほど紙質が良くなくても問題ない。さらに新聞紙を回収して、トイレットペーパーに再生する。こうした例がカスケードリサイクルであり、それによって1回限りの再生でなく、繰り返し再生利用する可能性が広がる。OA紙の水平リサイクルは不可能ではないが、最初の品質(白色度など)を維持するためには、かえってコストがかかったり、余計なエネルギーを必要として環境負荷も増えたりする可能性もある。そのような場合には、新聞紙などにカスケードリサイクルした方が環境・経済の両面で望ましい。

このように循環経済では、水平リサイクルでもカスケードリサイクルでも需要と供給のバランスを考慮することが重要である。そして、両者をうまく組み合わせることが持続可能な資源循環へとつながる。

経済的に見合うリサイクル

これまで述べたように、資源循環の輪が閉じるためには、再生されたモノの需要が確保されていることが大切である。持続可能な資源循環のためには儲かる(少なくとも赤字の出ない)リサイクルでなければならない。一般にリサイクルの収支は以下のように表される。

リサイクル処理費用＋残さ処理費用＝リサイクル料金＋再生品売却益

この式の左辺(上側)はリサイクルに係る費用を、右辺(下側)はリサイクルによる収入を表している。リサイクル処理費用に加え、受け入れた資源廃棄物の中には異物や不純物も少なからず混入することから、処理過程で発生した残さの処理費用が発生するのが一般的である。一方、資源廃棄物の排出者から受け取った処理料金(無償の場合もある)と、再生品の売却による収入によって、リサイクル業者は事業を維持できる。

こうした前提のもとで、リサイクルが促進されるのはどのような状況だろうか。これには大きく二つの経路が考えられる。一つはリサイクルや残さ処理の費用が低下した場合、もう一つは再生品の売却益が増加した場合である。これらを通じてリサイクル料金を低下させることができ、リサイクルの促進が期待される。リサイクルや残さ処理の費用低下は、収集・選別の効率化、リサイクル技術の普及・向上、素材の統一化などによって可能になる。一方、再生品売却益の増加は、リサイクルによる付加価値の向上によって生まれる。それぞれについて詳しく見てみよう。

収集・選別の効率化については、収集運搬ルートを見直して、より効率的なルートに変更したり、スーパーやコンビニなどに商品を届ける配送車両の帰り便を利用して、廃棄物を運搬したりするといった方法が考えられる。これらは実際に一部の自治体やコンビニチェーン等で行われている。また家電の量販店や公民館などの公共施設に置かれている使用済み小型家電などの回収ボックスの場合、収集担当者が資源廃棄物の回収に行っても、回収ボックスが空の場合や、少量しか入っていないと収集が非効率的になる。そこで、回収ボックスにセンサーを設置し、ボックスがある程度一杯になってから回収に行くといった、ICT(情報通信技術)を活用した方法なども開発されている。

また、リサイクル技術の普及・向上については、残さなど無駄のより少ないリサイクルを目指す「リサイクルの高度化」によって希少金属や資源類の回収量(歩留まり)をいかに増やすかが大きなポイントとなる。素材の統一化もリサイクル費用の節約につながる。他のプラスチックと比べ、PETボトルのリサイクルが進んだのは、素材の均一性によるところが大きい。PETボトルはキャップとラベルを除けば、ポリエチレン・テレフタレート(これを略してPET)と呼ばれる単一の素材で作られている。このためリサイクルに余計な手間がかからない。最近ではボトルにラベルを付けないラベルレスボトルの販売も一部で始まっている。これは、2020年4月の資源有効利用促進法改正により、これまで義務付けられていた原材料などのラベル表示を外装用段ボールやケースに記載することで、ボトルにラベルを付けなくても販売が可能になったことによる。こうした取り組みは小さな変化ではあるが、無駄な廃棄物を減らすとともに、リサイクル費用の低減にもつながると期待される。

リサイクルによる付加価値の向上についても、最近では再生素材の使用をアピールした商品が色々な所で見られるようになった。例えば、アップル社が販売するパソコンやタブレットのボディには100%再生アルミニウム素材が使用され、環境に配慮して製造した製品であることをアピールしているものがある。またナイキ社が販売するシューズには、靴底(ソール)に再生素材を50%以上使用するとともに、製造時に使用するエネルギーを100%再生可能エネルギーで賄っていることを訴求しているものもある。こうした取り組みは「アップサイクル」と呼ばれ、第8章でも取り上げるが、通常の製品と同様に再生品についても時代のニーズを捉えた製品開発により、付加価値を向上できる可能性を示している。

以上のリサイクルの高度化と付加価値向上の両方に関して重要な役割を果たすと期待されるのが、リサイクル業者(リサイクラー)である。例えば、関東一円で廃棄物処理業を展開する株式会社ナカダイは「廃棄物を受け入れたときから、リサイクル材を購入してくれるメーカーの条件に合うように、すべての業務をマネジメントしている」(中台2020, p. 50)。筆者はこれと同様のことを、東日本大震災の後、岩手県内に設置された災害廃棄物の選別施設を視察した際に担当者から聞いた。最近は災害廃棄物の処理でも廃棄物の種類ごとに分別され、極力リサイクルするようになっているが、まさに廃棄物の引取先のニーズに応じて、廃棄物を調整・加工していたのである。これは価値のない廃棄物を価値のある資源に再生する重要なポイントであり、平常時の廃棄物処理でも求められる。こうしたノウハウや知見を蓄積して実用化するには、一定規模以上の資金や資源を有し、動脈産業と対等な立場で連携できる廃棄物処理業者が必要である。

第3章
廃棄物処理・資源循環は他人事ではない
効率性と公平性

湖岸に捨てられた飲料容器等のごみ（琵琶湖にて）

1 廃棄物処理費用は削減できるか

簡単には減らない収集処理費用

今後、日本では人口減少に伴い、廃棄物の排出量もある程度の減少が見込まれる。しかし、廃棄物の排出量が減っても、収集処理に係る費用は簡単には減らない。これにはいくつかの要因が考えられる。一つは第2章1節で述べたように、廃棄物が減って減少する費用は可変費用のみだからだ。例えば、廃棄物の排出量が1割減っても、すぐに収集運搬車の台数や収集処理のための人員を1割減らすという訳には行かない。年末年始や春の引越シーズンなど排出量が多い時期にも備える必要がある。ましてや処理施設の廃止まで至るには、より慎重な判断が必要になる。もう一つは排出量が変わらなくても、求められる収集処理サービスがより高度になれば、費用は増える。例えば、高齢化によって地域のごみ集積所の管理が難しくなり、世帯単位での戸別回収に切り替えたり、高齢者等のごみ出し支援を行ったりする場合が考えられる。また人々の環境意識が高まり、廃棄物処理施設から排出される環境負荷物質の許容水準を引き下げる(厳しくする)場合にも、費用はより高くなるだろう。これは第2章2節の「外部性の内部化」に相当し、これまで処理施設の運営主体が負担していなかった外部費用を私的費用として当事者に負担させることを意味する。

ある程度まで減らせば費用削減に

一方、継続的に廃棄物を削減し、ある程度まとまった量の廃棄物が削減できれば、処理施設や収集運搬車を削減し、固定費用を含めた費用削減が可能になる。実際に廃棄物の大幅削減によって、清掃工場（廃棄物焼却施設）の集約を実現した横浜市の例などがある。

横浜市では「横浜G30プラン」と呼ばれる廃棄物減量計画を2003年に策定し、一般廃棄物の排出量を2010年に30％削減する目標を掲げた。計画では、分別収集品目の拡大や、産廃の木くずやリサイクル可能な古紙等の焼却施設への持ち込み禁止など、廃棄物減量のための様々な取り組みを実施した。その結果、当初予定の5年前倒し、わずか3年でその目標を達成し、二つの清掃工場の閉鎖と一つの清掃工場の休止を実現した。人口300万を超える大都市で、3割ものごみを極めて短期間に削減し、清掃工場を三つも休廃止できたことは目覚ましい成果である。横浜市が作成した報告書（横浜市資源循環局 2006）では、その財政的効果と環境負荷低減効果について次のように報告している。まず財政的効果として、既存の二つの清掃工場の建て替え費用約１１００億円分が節減された。加えて、運営費などの年間費用を約30億円節減し、分別拡大に伴って約24億円の経費が増加したものの、差し引き6億円程度が節減された。また、最終処分場に埋め立てられるごみが減ったことに伴い、処分場の延命化も実現し、増加した残余容量の価値を貨幣換算すると83億円に相当するとのことだ。一方、環境負荷低減効果については、２００５年度時点で二酸化炭素の排出量を２００１年度比30％削減したと推計している。

以前のように廃棄物の排出が増大する時代では、いかに計画的に処理施設（特に焼却施設）を整備するかが重要課題であった。しかし人口減少下の今、求められているのは計画的に処理施設を集約するという視点だ。一方、予期せぬ災害で発生する災害廃棄物の処理に対応するため、ある程度余裕を持った処理能力を確保しておきたいという自治体の思惑もある。これには、広域での処理体制を事前に整え、災害時には周辺自治体の処理施設や場合によっては民間の産廃処理施設も活用するといった柔軟な対応が求められる。

2　廃棄物処理の効率性と公平性

スケールメリットの重要性

廃棄物の収集処理にはスケールメリットもある。ここで、スケールメリットとは廃棄物の収集処理量が多いほど、廃棄物重量(例えばトン)あたりの費用、すなわち平均費用が下がり、効率的な収集処理サービスの供給が可能になることを言う。廃棄物処理施設の設置費用のように事業を行う際の初期投資が大きい場合、スケールメリットが顕著に見られる。筆者の分析では、一般廃棄物の収集処理量が1%増加すると、収集運搬では0・07%、中間処理・最終処分では0・2%だけトンあたりの平均費用が減少することを確認している(笹尾 2020)。このことは逆に見れば、人口が減少し、収集処理量が減少した場合、平均費用が上昇することを意味する。また、一人一日あたりの排出量が1%増加した場合、収集運搬では0・1%、中間処理・最終処分では0・4%だけトンあたりの平均費用が減少することを確認している(笹尾 2020)。これも逆に考えると、一人一日あたりの排出量が減少しても、トンあたりの平均費用が上昇することを意味する。つまり一般に廃棄物の減少は望ましいことだが、それによって廃棄物処理の平均費用が増加する可能性があることに注意が必要だ。

「一般廃棄物ではこれまで、市町村内で排出されたごみはその市町村内で処理する「自区内処理」が原則とされてきた。しかし、国は1990年代後半よりダイオキシン類削減の観点から、市町村などの行政区域にとらわれず、できるだけ多くのごみ(一般廃棄物)を一カ所に集めて処理する「廃棄物処理の広域化」を進め、廃棄物処理施設の集約化を促進してきた。* これは一カ所の施設にできるだけ多くの廃棄物を集めて、24時間連続で廃棄物を高温で燃やすことにより不完全燃焼を防ぎ、ダイオキシン類の発生抑制を図ったものである。こうした環境保全の観点に加え、スケールメリットを活かす経済効率性の観点からも広域化が進められている。一般には、廃棄物処理施設を設置する際の初期投資は大きく、スケールメリットも大きい。さらに最近では、発電機能を備えた廃棄物焼却施設が多く、ある程度の規模を有する焼却施設に廃棄物を集めて燃やした方が、効率的に発電できるという面もある。

*ダイオキシン類とは廃棄物などの焼却の過程で発生する有機塩素化合物であり、発がん性を含むものもある。特に焼却炉内の温度が低い状態で不完全燃焼した場合にダイオキシン類が発生しやすい。一方、人口の少ない市町村等が近隣の市町村と共同で廃棄物の収集処理を行うために一部事務組合を設立して、清掃事業を行う事例は以前からあった。また産廃では、従来から市町村や都道府県などの行政区域を越えた広域処理が行われてきた。

スケールメリットは焼却・埋立などの廃棄物処理だけでなく、リサイクルなどの資源循環を行う際にも存在する。これは均一な性質の資源廃棄物をたくさん収集して処理することで、効率的な処理が可能になるからだ。そもそも廃棄物の回収は手間のかかる作業である。一般的なモノの場合、工業製品であれば工場、農作物であれば農場といった一つの製造場所から、様々な地域に住む消費者の元に届けられる(血液の流れに準《なぞら》えて「動脈物流」と呼ばれる)。これに対して廃棄物の回収は、様々な場所に散在するものを一つの場所に集める作業になる(「静脈物流」と呼ばれる)。一般に動脈物流の場合、出荷量の予測がしやすく、管理しやすい。また、動脈物流にはある程度の迅速さが求められる一方で、製品価格の一部に流通費が含まれることもあり、価格を抑制しつつ、運搬ルートの効率化を図る動機も生まれやすい。それに対し静脈物流の場合、いつ、どこで、どういった廃棄物がどれだけの量、発生するのかは予測しづらく、動脈物流と比べるとコントロールが難しい。一方で、あまり迅速さは求められないこともあり、静脈物流の最適化は動脈物流と比べると遅れてきた。

廃棄物処理・資源循環の適正範囲

では、スケールメリットを考慮した「広域」での廃棄物処理・資源循環はどの程度の(地理的)範囲で行うのが良いのだろうか。ここでポイントとなるのが、技術的要因と経済的要因である。前者は廃棄物を適正に処理したり、資源として再生利用したりすることが技術的に可能な場所がどこにあるか(あるいはどこにそれを設置するか)という点だ。後者はその処理可能な場所まで廃棄物を運搬することが経済的に見合うか、そして再資源化された原材料や製品に対する需要がどこにあるかという点だ。これらの点を踏まえれば、広域での資源循環の適正範囲は廃棄物の種類によって異なると考えられる。

例えば、家庭や学校給食等で発生した生ごみや残飯などをリサイクルする場合、それらの廃棄物はどの地域からも毎日一定量が排出されること、そして水分を多く含むため重量が重くなることに留意する必要がある。また運搬による二酸化炭素排出量や悪臭も考慮すれば、運搬距離は短い方が望ましい。生ごみ等は堆肥化や飼料化したり、メタンガス化して発電利用したりすることが可能だが、特に堆肥や飼料にリサイクルする場合には、それらの需要を見据えて農業や畜産業が盛んな地域でリサイクルするのが望ましい。したがって、できるだけ発生源に近いところにリサイクル工場を設置し、近隣での循環を形成するのが合理的になる。実際、生ごみのリサイクルは市町村や近隣市町村内といった比較的狭い範囲での処理が一般的である。一方、家電のリサイクルを行う場合、使用済み家電は生ごみと異なり、各家庭からは毎日のようには発生しないが、収集エリアをある程度広くとることで一定量の廃棄物を集められる。そして、家電のリサイクルによって回収される銀や銅、ガラスなどの素材は工業製品の原材料として全国で再利用されうる。したがって、市町村や都道府県といった行政区域にとらわれず、より広域でのリサイクルが合理的になる。実際、家電リサイクルは各メーカーがAとBの2グループに分かれて、全国に計45カ所(2022年7月時点)のリサイクル工場を設置し、関東、近畿といった地域ブロック単位での広域処理を行っている。

公平性への配慮も必要

先述のように、市町村内で排出された一般廃棄物はその市町村内で処理するのが従来の原則であった。この自区内処理の原則が生まれた背景には、第1章2節で触れた東京都の「ごみ戦争宣言」が関係している(鄭 2014)。すなわち、ごみ処理のもたらす様々な負担、特に外部費用が特定の地域だけに強いられないようにするための配慮として、自区内処理の原則は誕生した。

こうした公平性の観点で見ると、廃棄物処理の広域化は施設を持つ地域と持たない地域の間の格差を拡大させる恐れがある。このことは処理施設の必要性は認めながらも、自分の近隣に設置されるのは嫌だという心理「NIMBY」(Not in my backyard の略でニンビーと読む)をより強める可能性がある。第2章1節で述べたように、廃棄物処理施設の設置場所周辺ではどうしても外部費用が発生しやすい。例えば、施設周辺に廃棄物の収集運搬車が集中することによって、交通渋滞、排ガスの排出、騒音が増えるといったことが起こりうる。最近の処理施設は環境面での配慮がなされ、通常は環境基準の範囲内に汚染物質の排出等は抑えられているが、もし何らかのトラブルが発生した場合には、施設周辺に影響を及ぼす可能性はゼロではない。また、どれだけ行政や事業者によって安全・安心な施設であると言われても、何らかのリスクを心配して、施設があるというだけで不信感を持つ人もいるだろう。

廃棄物処理の効率性と公平性をいかに両立するかは、廃棄物処理の広域化を進める上での大きな課題である。一般に廃棄物処理施設はＮＩＭＢＹ施設(近隣迷惑施設)と捉えられてきたが、これからは住民に歓迎される施設でなければならない。岡山大学名誉教授の田中勝氏はＮＩＭＢＹからＰＩＭＢＹ(Please in my backyard)となる廃棄物処理施設への転換を主張している。

このためには、施設周辺地域で発生する外部費用を極力小さくして、便益をできるだけ大きくする必要がある。例えば、廃棄物の焼却熱を活用した温水プールや温泉施設を併設する廃棄物焼却施設は全国にあるが、こうした取り組みはまさにその一例である。また焼却熱を利用して発電を行い、施設の場内外で利用するという取り組みは火力発電の利用を節約し、化石燃料の消費削減を通じて、二酸化炭素排出量の削減にも貢献する。最近では自家発電の供給源を備えた、災害時の避難施設としての活用も注目されている。このように娯楽機能やエネルギーの創出と災害時対応を通じて、廃棄物処理施設が地域融和施設となり、地域住民が集う拠点となることは、持続可能な地域社会の形成にもつながり、循環経済においても重要な役割を果たすことが期待される。

3　究極のＮＩＭＢＹ問題：放射性廃棄物の管理

日本の原発政策と使用済み燃料

原子力発電所(以下、原発)の稼働によって発生する放射性廃棄物の管理・処分は廃棄物処理法上の「廃棄物」からは除外され、「原子炉等規制法」(正式名称：核原料物質、核燃料物質及び原子炉の規制に関する法律)や高レベル放射性廃棄物の「最終処分法」(正式名称：特定放射性廃棄物の最終処分に関する法律)によって規制されている。とはいえ、放射性廃棄物も産業活動に伴う副産物であることに変わりはなく、循環経済への移行を目指す上で、放射性廃棄物の管理・処分は解決すべき重要課題の一つである。福島第一原発事故の後、政府は再生可能エネルギーの主電源化を進め、原発への依存度を引き下げ、原発の新増設や建替えは想定していないという立場であった。しかしロシアのウクライナ侵攻以降、エネルギー安全保障への懸念が高まり、２０２２年12月の「ＧＸ(グリーン・トランスフォーメーション)実行会議」では、次世代原子炉への建替えを含め、原発を持続的に活用するという政府の基本方針が了承された。そして、その基本方針の下、2023年5月には関連する法律(通称：GX脱炭素電源法)が成立した。

原発を維持するにしても、廃止するにしても避けて通れないのが、放射性廃棄物の管理・処分の問題だ。日本は原子力利用の当初より、使用済み燃料を再処理して回収したプルトニウムとウランを混合酸化物燃料(Mixed Oxide Fuel の略でMOX燃料と呼ばれる)に加工し、それを高速増殖炉で燃やし、投入した燃料以上の核燃料を生み出す計画(核燃料サイクル)を描いていた。しかし、1995年に高速増殖炉「もんじゅ」でナトリウム漏れによる火災事故が発生し、事故の隠蔽やその後も別のトラブルが起こるなどして、2016年に廃炉が決定した。このように高速増殖炉を基軸とした核燃料サイクルは棚上げ状態であり、現在は一般の原発でMOX燃料を燃やすプルサーマル発電によりプルトニウムを消費する形で、再処理政策の立場を堅持している。一方、国内には茨城県東海村の再処理施設しかなく、これまでイギリスとフランスに使用済み燃料の再処理の一部を委託してきた。しかし、東海村の施設も老朽化により廃炉が決定しており、今後は青森県六ヶ所村に新設中の再処理工場で処理する計画である。当初、六ヶ所村の再処理工場は1997年に完成するはずだったが、度重なるトラブルや東日本大震災及び福島第一原発事故により国の規制が強化されたこともあり、完成時期が26回も延期され、現在(本書執筆時点)の目標では2024年度上半期の稼働予定である。そうした中、全国各地の原発で発生した使用済み燃料の貯蔵量は1万6270トン・ウラン(金属状態でのウランの重量を表す単位)に及び、各原発で保管されている(2021年9月末時点)。この保管量は、各原発で貯蔵可能な量(管理容量と呼ばれる)の合計の76％に相当する(電気事業連合会2021)。この他にも、イギリスとフランスでの再処理によって発生した廃液中の放射性物質を溶融ガラスと混ぜ合わせ、容器に封入したガラス固化体が日本に返還されており、それらは六ヶ所村の高レベル放射性廃棄物貯蔵管理センターで中間貯蔵されている。

一方、日本は原料のウランを輸入に頼っているが、世界中のウラン鉱石の残余年数は135年以上あると言われる(2019年時点、NEA 2020)。実際、経済性や安全性の問題から再処理政策をとる国は減少しており、日本以外で再処理事業を継続している国はフランス、ロシア、中国くらいである(鈴木2022)。他の多くの国は使用済み燃料を再処理せずに、そのまま地下深くに埋め立てる「直接処分」を選択している。日本が再処理路線を堅持する理由として、再処理の場合、直接処分と比べて、高レベル放射性廃棄物の体積を約4分の1に減容させることや、放射能の有害度が天然ウラン並みになるまでの期間を約12分の1(再処理しない場合約10万年、再処理する場合約8000年)に短縮できることなどが挙げられている(日本原子力文化財団2021)。しかし、こうした数字の根拠には疑問も示されている(鈴木2022、フォンヒッペルほか2021)。

2023年度には青森県むつ市にリサイクル燃料備蓄センターが稼働予定で、再処理されるまでの間、東京電力と日本原子力発電の使用済み燃料が貯蔵・管理される。稼働当初は3000トン規模で最終的には5000トンまで容量を拡大し、最長50年間管理される予定である。しかし、東京電力と日本原子力発電以外の電力会社から発生する使用済み燃料の保管場所は決まっていない。

決まらない最終処分場の設置場所

日本の原発政策における最大の課題は、高レベル放射性廃棄物を処分する場所が決まっていないという問題だ。高レベル放射性廃棄物とは、再処理の際に生じる放射能レベルの高い廃液を高温のガラスと溶かし合わせて固体化したものである。高レベル放射性廃棄物以外の原発で発生する放射性廃棄物(施設の運転や点検、解体などで発生したコンクリート、金属、廃液、フィルター、その他消耗品等)は低レベル放射性廃棄物と呼ばれる。これらは放射能レベルに応じて区分され、放射能レベルが比較的低い廃棄物については、青森県六ヶ所村にある低レベル放射性廃棄物埋設センターで処分されている。こちらは敷地も広く、当面は埋設するスペースを確保できる見込みである。一方、低レベル放射性廃棄物でも放射能レベルが比較的高い廃棄物（燃料集合体の外側を覆う部分や、定期検査時に取り替えた制御棒などの金属廃棄物等）は地下70メートル以深の地層に処分（中深度処分）する計画であるが、高レベル放射性廃棄物同様、処分場所は決まっていない。また、再処理の過程で排出される超ウラン核種を含む放射性廃棄物やウラン濃縮工場から排出されるウラン廃棄物についても、区分上は低レベル放射性廃棄物に分類されるが、放射能レベルが一定以上のものは高レベル放射性廃棄物と同様に扱われる。

高レベル放射性廃棄物は六ヶ所村の貯蔵施設で30〜50年の間、冷却・貯蔵された後、地下300メートル以深の地層に処分する計画であるが、肝心の最終処分場の設置場所が決まっていない。高レベル放射性廃棄物の最終処分法に基づいて、原子力発電環境整備機構（ＮＵＭＯ：ニューモ）が主体となり、処分場選定に向けた文献調査、概要調査、精密調査の３段階の詳細な調査を実施する計画である。２００２年以降、全国の自治体を対象に調査区域の公募が行われ、２００７年１月に全国で初めて高知県東洋町の町長が文献調査に応募した。しかしその直後に、高知と徳島の両県知事が反発し、地元住民からも激しい反対があり、町議会では町長に対する辞職勧告が同年3月に決議された。同年4月には出直し町長選挙が実施されたが、応募の撤回を訴えた新人候補が大差で当選し、調査は結局白紙になった。以降、文献調査の受け入れを表明した自治体は現れなかった。

こうした事態を打開すべく、政府は2015年5月に新たな基本方針を閣議決定した。基本方針では、科学的により適性が高いと考えられる地域(科学的有望地)を示し、国が前面に立って地層処分の取り組みを進めることなどが提示された。これを受け、2017年7月に経済産業省は、地層処分に相応しい地域の科学的特性を示した「科学的特性マップ」を提示した。2018年5月からは「科学的特性マップ」の説明や地層処分に関する質疑応答等を通じて、地層処分の仕組みや地域の科学的特性についての国民の理解を図るための対話型説明会が全国で開催されている。

その後2020年10月に、町長が文献調査の受け入れに前向きであった北海道寿都《すっつ》町が調査に応募した。また同じ後志《しりべし》総合振興局内にある北海道神恵内《かもえない》村も、商工会からの請願を受け、村議会で誘致を議決し、経済産業省からの要請を受ける形で文献調査の受け入れを受諾した。そして、同年11月から両町村を対象とした初めての文献調査が始まった。寿都町の人口は2720人、神恵内村は783人(いずれも2022年4月時点)と、いずれの町村も北海道西部の日本海側に面する過疎の自治体である。漁業を主な産業としており、近くには北海道電力の泊原発がある。２０２１年10月には寿都町で、２０２２年２月には神恵内村で町長選が行われ、いずれも文献調査を支持する現職町長が当選した。

文献調査は２年程度を要するが、調査を受け入れた自治体には最大20億円(単年度で最大10億円)の電源立地交付金が支給される。交付金は、地域振興、公共施設整備、医療・福祉サービス等に幅広く活用できる。また、調査実施市町村の交付額が５割以上確保されれば、残りは地域の実情に応じて、周辺市町村への配分も可能である。実際、両町村ともに近隣町村への配分が行われている。次の概要調査に進むかどうかの判断にあたっては、都道府県知事と市町村長の意見を聞き、充分に尊重することが求められる。したがって、今後は北海道の判断も重要になる。北海道は２０００年10月に「北海道における特定放射性廃棄物に関する条例」を施行しており、同条例では処分方法が充分確立されていないことを理由に、「特定放射性廃棄物の持込みは慎重に対処すべきであり、受け入れ難い」という宣言が盛り込まれている。道知事も寿都町と神恵内村の概要調査への移行については反対を表明している(北海道 2020)。

２０２１年４月以降、ＮＵＭＯは海外の事例を参考に、各町村で「対話の場」を設け、第三者のファシリテーター(進行役)の下、地元住民等と情報提供や意見交換の機会をもっている。

2022年末までに各町村で10回以上の「対話の場」が設定された。しかし、こうした進め方には疑問の声も上がっており、日本弁護士連合会(2022)は「本来であれば国全体として国民的議論をしなければならない問題を、特定の地域住民に押し付けているようなものである」と批判している。その後現在(本書執筆時点)までに、寿都町と神恵内村以外に文献調査に手を上げた自治体はない。

原発による恩恵を大なり小なり受けてきた私たちにとって、放射性廃棄物の最終処分は国内のどこかで行わなければならない社会的課題である。放射性廃棄物の性質上、国内のいくつかの箇所に分散して最終処分場を設置するというものでもない。では、その唯一の場所をどこにするのか、究極のNIMBY問題と言える。

4　循環経済における国際資源循環

グローバル化する資源循環

モノはできるだけ安く仕入れて高く売る。これは経済の基本原則であり、経済学では「裁定取引」あるいは単に「裁定」と呼ばれる。収入と費用の差額である利潤(利益)が発生する限り、ビジネスは生まれる。この原則は廃棄物の資源循環でも当てはまる。すなわち、できるだけ安く資源廃棄物を手に入れ、再資源化して高く売れるところに売る。一般に、リサイクルは選別や異物の除去などに多くの労働を必要とする「労働集約型産業」だ。そのため、ある国で不要になった（処理にお金のかかる）廃棄物を輸出して、人件費が安く労働力も豊富な国でリサイクルし、再び商品化して高く売れる国に販売するという、国境を越えた資源循環が生まれる。実際これまで、日本で排出された古紙やＰＥＴボトル、使用済み家電などの資源廃棄物の一部は中国や東南アジアなどの近隣諸国に輸出されてきた。後述するように資源廃棄物の輸入規制が導入されるまで、その行き先の大半は中国であった。

例えばＰＥＴボトルの場合、国内のリサイクル率（販売量に対する再資源化量の割合）は８割を超え、世界トップクラスの水準である。このうち家庭系一般廃棄物として、市町村で分別回収されたものの多くは国内でリサイクルされている。しかし、自動販売機や駅のごみ箱に捨てられたような事業系の使用済みＰＥＴボトルは家庭系のものと比べ、汚れがあったり、異物が混入していたりして、余計な手間や費用がかかるため、国内でのリサイクルは敬遠されてきた。そのため事業系ＰＥＴボトルの多くは海外で再資源化されてきた。例えばＰＥＴボトルの輸出量が比較的多かった２０１８年度には、家庭系と事業系を合わせたＰＥＴボトル全体の回収量のうち、約38・5%が海外に輸出されていたが、そのうち約9割が事業系のPETボトルだった(PETボトルリサイクル推進協議会2018)。また、使用済み家電についても家電リサイクル法の下、国内での再資源化を前提として回収されているが、多い年では引き取られた使用済み家電の約4分の1がそのままリユースまたはスクラップされた状態で輸出されていた。

このように国境を越える廃棄物の移動は経済的には合理的だが、過去には先進国から開発途上国に輸出された廃棄物を巡って、国際的な問題を引き起こした事例もある。例えば、栃木県小山市の産廃処理業者が注射器、酸素ボンベ、使用済み紙オムツなどの医療系廃棄物を古紙や廃プラスチックと偽って、フィリピンに輸出していたことが1999年に発覚したニッソー事件がある。このとき日本からフィリピンに輸出された廃棄物は約2100トンにのぼり、その悪質さから両国の外交問題にまで発展した。

有害廃棄物の輸出入は、「有害廃棄物の国境を越える移動及びその処分の規制に関するバーゼル条約(以下、バーゼル条約)」で規制されている。バーゼル条約は1989年に制定された後、1992年に発効し、日本は1993年に同条約を締結している。現在(本書執筆時点)では、アメリカなど一部の国を除く188カ国とEU及びパレスチナが同条約に加盟している。* バーゼル条約では、国境を越えて移動する有害廃棄物等によってもたらされる危険から、人の健康と環境を保護することが主な目的とされている。なお、ここでの「有害廃棄物等」には、有価で取引されるため、日本国内では廃棄物とはみなされない使用済み鉛バッテリーのようなものや、家庭ごみとその焼却灰など、必ずしも化学的に有害でない廃棄物も含まれることに注意が必要だ（小島 2018）。そして同条約では、廃棄物の越境移動等に関する国際的な枠組み・手続等を規定している。具体的には、輸出国側の政府が輸入国側の政府に事前通告を行い、同意を得た場合に、輸出者に対して輸出が承認される仕組みになっている。このようにバーゼル条約は廃棄物の輸出入を一律に禁止するものではなく、規制によって有害廃棄物等の越境移動をできるだけ抑えるための枠組みとして運用されてきた。

＊アメリカがバーゼル条約を締結していない理由の一つとして、「アメリカ産業界は、１９８０年代以降、有害廃棄物の投棄などで汚染された土壌の浄化のため巨額の費用を負担してきたこと」が挙げられている（小島 2018, p. 145）。一方、アメリカはＯＥＣＤ（経済協力開発機構）に加盟しているため、ＯＥＣＤ加盟国間の規制が適用される。

廃棄物の有用性と有害性

循環経済では国際的な資源循環をどのように位置付けるべきだろうか。ここでは、本章2節で述べた国内での資源循環を考える上でのポイントである技術的要因と経済的要因に加えて、廃棄物のもつ「有用性(資源性)」と「有害性(汚染性)」が重要になる。前者は国際資源循環を積極的に進める根拠になり、廃棄物の輸出入を認めることで大きく二つのメリットがある。一つは技術の乏しい国ではできない資源再生が可能となり、資源の有効利用につながる。もう一つは人件費等の高い国では経済的に成り立たない資源再生が可能となり、資源の有効利用につながる。このことは輸入国での資源不足の解消にも貢献する。一方、廃棄物の有害性に着目すると、輸出入を認めることで以下の二つのデメリットをもたらす可能性がある。一つは輸入国の環境規制が緩く、取り締まりが不充分な場合、輸入国のリサイクル過程で環境汚染が発生する可能性である。もう一つは先述のように、資源と偽った廃棄物が輸出される可能性である。

こうした中、これまで資源確保のために大量の廃棄物を輸入してきた中国が、2017年末より段階的に輸入規制を実施し、日本もその対応に追われている。規制の主な目的は中国国内の環境保全とリサイクル体制の構築にある。第一段階では、廃プラスチック、未選別古紙、繊維系廃棄物などが規制対象とされ、その後、自動車スクラップ、廃電線、木質ペレット(乾燥した木材を破砕して粉状にし、圧縮整形した木質燃料)、その他金属スクラップ等に対象が拡大されている。こうした事態を受けて、これまで中国向けに輸出されてきた規制対象廃棄物の多くは、他のアジア諸国へと行き先を変えるなどして輸出が継続されてきた。しかし、国際的な関心が特に高まっていた廃プラスチックについては、同様の輸入規制が東南アジア諸国に広がるとともに、結果的にバーゼル条約の規制対象に廃プラスチックを追加する形で条約が改正されることになった(環境省環境再生・資源循環局廃棄物規制課 2020)。

このように国内での処理が(特に経済的な理由から)難しい廃棄物を、従来のように安易に海外に輸出できる状況ではなくなってきている。循環経済では、限られた資源を有効活用するという廃棄物の資源性を重視しながらも、輸入国での適正処理促進のための法整備や技術協力などの支援を通じて、輸出国側にも有害性抑制の観点からの国際貢献が求められる。

第4章
経済的インセンティブが生み出す循環

リユース瓶の回収機（ブリュッセルのスーパーにて）

1　意識啓発の限界

意識啓発だけでは解決しない環境問題

ごみ問題の解決や循環型社会の実現に向けた3R推進のPR活動として、最もよく行われてきたのが人々(住民)に対する意識啓発だ。「買い物にはマイバッグを持参しましょう」「生ごみは水切りしてから捨てましょう」など、全国の自治体で広報誌やチラシ、インターネットなど様々な媒体を通じて、環境問題への意識を啓発する呼びかけが行われている。こうした意識啓発は手っ取り早い方法で、費用負担が比較的少なく、反対する人も少ないので、ごみ問題に限らず環境問題全般で広く行われてきた。

これらの(こうあるべきという)規範的な行動を呼びかけるメッセージは、もともと環境意識の高い人や自治体の広報等をよく読んでいる人といった一部の人々には一定の効果があるだろう。しかし、そうしたメッセージが環境意識の低い人の目に触れたとしても、それで意識が啓発され、すぐに実際の行動に移すとは考えにくい。筆者の大学の授業アンケート等でも、「環境問題の解決には一人ひとりの意識が大切だ」や「私もできるだけ環境に配慮した生活をしたい」などの意見や感想をよく目にしてきたし、そのような認識を持つ学生が増えることは頼もしいことではある。しかし循環経済で求められているのは、実際に環境配慮につながる行動変容であり、人々が特に意識しなくても環境配慮がなされるような仕組みである。

経済的インセンティブを使え

人々の行動変容を促すために最も有効と考えられるのが、経済的インセンティブだ。経済的インセンティブとは経済的な動機付けを意味する。現状ではまだ多くの人々にとって、ごみはタダで捨てられるという感覚が強いかもしれない。実際、粗大ごみや使用済み家電など一部のごみを除けば、国民の半数以上は自治体が無料で家庭ごみを収集してくれる地域に住んでいる。こうした地域では、ごみを減らしても、(環境に良いことをしたという満足感はあるかもしれないが)金銭的なメリットはほぼない。そこで、ごみを減らしたり、分別してリサイクルに出したりした方が得になるような仕掛けを組み込む。例えば、ごみの排出量に応じて課金や課税をすると、人々(あるいは企業)は少しでもお金を節約するために、ごみを減らそうと努力するだろう。このように、経済的インセンティブは環境問題に関心の低い人も含め、多くの人々の日常行動に継続的に影響を及ぼす。一方、消費者がごみの出にくい(例えば詰替え可能な)商品を積極的に購入するようになれば、生産者もそうした商品を積極的に開発することが期待される。

実際、こうした経済的インセンティブのいくつかは広く普及し始めている。以下ではその代表例として、ごみ処理有料化、産業廃棄物税、デポジット(預かり金払い戻し)制度の三つの経済的手法に注目し、それぞれの効果や課題について見る。

2　ごみ処理有料化

ごみ処理有料化とは

ごみ処理有料化とは、家庭ごみ(家庭系一般廃棄物)の収集処理費用の一部を、その排出者に手数料として負担させる制度のことを言う。かつてはごみの排出量と無関係に一定額を徴収する定額制の有料化もあったが、現在はごみ処理有料化と言えば通常、排出量に応じた従量制の有料化を指す。東洋大学名誉教授の山谷修作氏の調査によると、従量制有料化の導入状況は人口カバー率では約43%であるが、市区町村数で見ると約66%の市区町村で実施されている(2023年4月時点、山谷修作ホームページ)。従量制有料化の目的には3R推進だけでなく、負担の公平化も挙げられる。なぜなら従量制有料化では、ごみの排出量に応じた負担を課すので、排出量の少ない人は多い人と比べ負担が軽くなる。逆に、排出量の多い人は少ない人と比べ負担が重くなる。有料化された市町村では、市町村が指定したごみ袋（指定袋）を、袋の製造・流通原価に手数料を上乗せした価格で販売し、その袋で出されたごみだけを収集するというのが一般的だ。指定袋の平均的な価格は大袋（容量40〜45リットル）1枚あたり30〜40円台で、平均的な相場としては1リットルあたり1円前後といったところである。一方で、1枚あたり80円以上の価格に設定している自治体もある。焼却ごみ（燃えるごみ）や埋立ごみ（燃えないごみ）を有料化または少し高めの料金設定にし、資源ごみを無料収集または少し安めの料金設定にして、3R促進のインセンティブを図るのが一般的である。

こうした手数料は実際のごみ収集にかかる費用と比べると、どれくらいになるのだろうか。ここでは基本的に家庭ごみが対象となる収集運搬費に着目して概算する。すなわち、焼却・埋立などの処理費用は含まれない。環境省環境再生・資源循環局廃棄物適正処理推進課（2023）によると、職員の人件費と車両購入費を除く、収集運搬に係る経費（委託費を含む）は年間4712億5600万円である（2021年度）。これを同じ年度の一般廃棄物の計画収集量で割ると、トンあたり1万3216円と計算される。[*] 環境省が一般廃棄物の排出及び処理状況等の調査で用いているごみの比重(1m^3あたり0・3トン)を利用して、容積単位で計算すると、1リットルあたり約4・4円となる。このことから、家庭ごみの収集運搬に係る費用は指定袋の価格の少なくとも4~5倍程度と推計される。逆に言えば、袋価格は実際の経費のせいぜい20~25%程度に抑えられているということだ。前述のとおり、ここでは人件費・車両購入費、また焼却・埋立処分に係る費用を除いているので、実際にはもっと低く抑えられていると考えられる。

*粗大ごみの収集は別途有料化されている自治体がほとんどなので、その部分は本来差し引いて計算すべきだが、粗大ごみの手数料収入や収集費用だけを求めるのは困難なため、ここでは粗大ごみも含めて計算している。

なお、ごみ袋は指定されているものの、手数料が上乗せされず、袋の製造・流通原価程度の比較的安い価格で販売されている場合は単に「指定袋制」と呼び、有料化とは区別される。

ここで簡単な図を使って、有料化に期待される効果を無料収集の場合と比較して見てみよう。図4-1の右下がりの直線は、ごみの排出を1単位増やした場合に得られる追加的な便益(限界便益)を表す。一方、この直線を逆向き(右から左)に見れば、これはごみの排出を減らした場合に失われる追加的な便益を表すので、ごみ削減に係る追加的費用(限界削減費用)と捉えることもできる。いま私たちはごみを無料で排出できるとすると、便益が最大になるまでごみを排出するので、ごみ排出による追加的な便益が得られない水準まで最大限ごみを排出する。すなわち、ごみの排出量はAとなる。ここで、ごみ袋1枚あたりP円の有料化が行われた場合、どうなるだろうか。私たちはごみを排出する限り、ごみ袋1枚あたりP円の費用がかかるので、少しでもごみを減らして袋の購入枚数を節約しようとするだろう。理論的には、ごみを減らすことで失われる追加的な便益(あるいはごみ削減の限界費用)がごみ袋の価格を下回る限りは、ごみを減らすのが合理的だ。これによりBまでごみの排出を減らすだろう。なぜならごみを排出することで得られる便益よりも、ごみ袋の購入費用の方が大きいからだ。もしBより多く削減すれば、ごみを減らすことで失われる追加的な便益(ごみ削減の限界費用)がごみ袋の価格を上回り、損をする。したがって、Bより多く削減するのは合理的ではない。

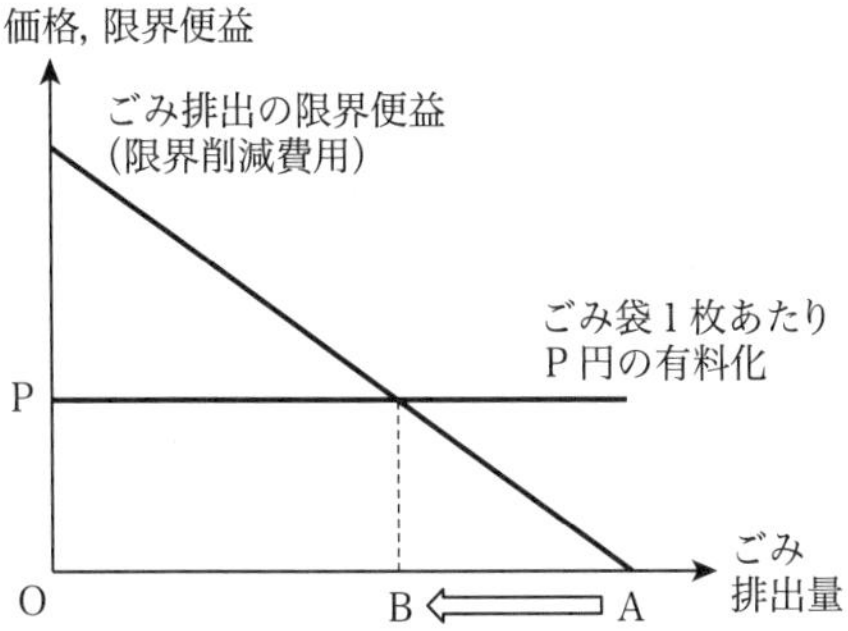

図 4-1　有料化によるごみ減量効果

ごみ処理有料化の効果と課題

では、ごみ処理有料化による実際の減量効果について見て

みよう。先述の山谷氏が2018年に実施した、2000年度以降に有料化を始めた155の市を対象にした調査(山谷2020)によると、1リットル1円相当の有料化の場合、有料化5年目の家庭ごみの排出量(資源ごみ含む)は13・8%減、焼却・処分ごみの量(資源ごみ除く)は18・8%減となった。同調査では、有料化の金額が高い市ほど、減量効果が大きいことも示された。

やや古い分析結果になるが、筆者も以前、有料化による減量効果を計量経済学の手法を用いて分析している(笹尾2011a)。山谷氏の調査が実際の排出量等のデータをそのまま比較分析したのに対し、筆者の分析では分別品目数や収集頻度など排出量に影響を与えると予想される他の要因の影響を取り除いた点で違いがある。その分析結果によると、有料化市町村では有料化していない市町村と比べ、排出量(資源ごみ含む)は8・4%減、焼却・埋立量(資源ごみ除く)は11・2%減となり、やはり有料化による減量効果が確認された。ここで焼却・埋立ごみ量の削減が排出量の削減より大きくなるのは、ごみ全体の排出削減に加えて、焼却・埋立ごみから資源ごみへの分別が促進されることを示している。また有料化料金が上昇するごとに、排出量、焼却・埋立量ともに減少することも明らかにされた。

一方、有料化にはいくつかの課題が指摘されてきた。一つは有料化後、年月が経過することで、有料化の効果が失われる「リバウンド」への懸念である。確かにそれほど高額の手数料でなければ、時間の経過とともに費用負担感が弱まり、ごみを削減しようというインセンティブは弱まるかもしれない。しかし、これについては過剰に心配する必要はないことを過去の研究成果が示している。例えば、先述の山谷氏による調査結果では、いずれの価格帯においても有料化導入翌年度よりも有料化5年目の減量効果が大きいことが示されている。また創価大学教授の碓井健寛氏による分析でも、リバウンド効果はわずかに存在するものの、長期的な減量効果はほとんど失われないこと、また分別促進効果は有料化後、年数を経るに従いむしろ強まることが示されている（碓井2011）。もしリバウンドが確認された場合、経済学的な解決法は指定袋の値上げである。実際、有料化されてからの年月が比較的長い市町村の中には、値上げに踏み切るところもある。

もう一つの課題は、有料化に伴うごみの不法投棄や有料化していない近隣市町村へのごみの域外流出についての懸念である。これは例えば有料化後、コンビニや駅・サービスエリア等のごみ箱に家庭ごみが持ち込まれたり、有料化していない隣町のごみ集積所にごみが捨てられたりするケースが考えられる。有料化後、自治体が不法投棄の監視等を増やした結果、不法投棄の発覚が増えたような事例もあるが、不法投棄等が起こらないようにするための対応は考えられる。例えば、コンビニ等では店外にあったごみ箱を店内に移動したり、サービスエリア等では監視カメラを設置したりするような対応が行われている。域外流出の防止策としては、通勤や通学等で往来の多い隣接する市町村では、共同で有料化を実施するといった方法も考えられる。また、不法投棄や域外流出を抑制し、同時に資源ごみの回収を増やすために、先述のように資源ごみの収集を無料にしたり、焼却・埋立ごみよりも安い価格設定にしたりすることも効果的だ。

有料化はこれまでなかった経済的負担を一方的に課すことにもなるので、できるだけ多くの住民の理解を得ることも重要だ。そのためには住民説明会等を積極的に開催し、住民への周知と丁寧な説明が求められる。また収集費用の増加に留意しつつも、高齢者等のごみ出し支援、ごみ集積所の増加、そして収集運搬車の通行に支障がない地域では戸別回収を導入するなどして、収集サービスの向上を図ることも、住民の負担感を緩和する上で有効だ。加えて注意が必要なのが、所得に占める税・課徴金の負担割合が低所得者に対して相対的に大きくなる「逆進性」の問題だ。一般に所得が平均的な世帯の半分だからといって、ごみの排出も半分になるわけではない。筆者が行った分析では、平均所得が1%減少しても、ごみの排出量は0・3%程度しか減らない（笹尾 2011a）。有料化によるごみ収集手数料の負担は通常、所得とは無関係に発生するので、同じ手数料でも高所得者より低所得者の負担感がより大きくなる傾向にある。

そこで例えば、生活保護受給世帯には無料で指定袋を交付するなどの措置が考えられ、実際そうした対応をとる自治体もある。

以上のように、ごみ処理有料化にはいくつかの課題が指摘されてきたが、その対応策も検討・実施されている。

３　産業廃棄物税

産業廃棄物税とは

産廃の排出や最終処分場への搬入に対して課税する税を一般に産業廃棄物税（以下、産廃税）と呼び（実際の呼称は地方自治体により様々）、国内ではこれまでに27の道府県と1政令市（北九州市）で導入されている。２００２年４月に三重県で国内初の産廃税が導入されたのを皮切りに、全国で同様の税導入が拡大したが、２００７年４月に愛媛県で実施されたのを最後に新たな導入は確認されていない。産廃税導入の背景には産廃の３R促進に加え、１９９０年代後半からの地方分権の動きが自治体独自の税導入を後押しした。具体的には２０００年４月に施行された地方分権一括法により、地方税法が改正され、法定外目的税と呼ばれる新たな税目が設定された。これにより、都道府県と市町村が地方税法に定められている税目以外でも、条例を整備して、課税の目的や税収の使途等が示されれば、自治体独自の課税が可能になった。

産廃の多くは収集運搬業者から中間処理業者(場合によっては複数の業者)を経て、最終的に最終処分業者の手に渡る。二酸化炭素や窒素酸化物などの排ガスと異なり、廃棄物は固形物で目に見えるため、ある程度は追跡が可能である。では、どの段階で課税すればより効果的に3Rを促進できるか、税を徴収するための費用(徴税費用)を抑制できるか、二重課税を避けられるか、といった観点で課税方式をめぐる議論が行われた。そうした検討の結果、これまでに以下の四つの異なる課税方式の産廃税が導入されている。

①納税義務者である排出事業者自らが中間処理施設や最終処分場への産廃搬入量を申告し、納税する排出事業者申告納付方式。

②最終処分場への産廃搬入のみに課税し、納税義務者である排出事業者に代わって最終処分業者が排出事業者から税を預かり、当該自治体に納税する最終処分業者特別徴収方式。

③焼却処理施設と最終処分場への産廃搬入に課税し、納税義務者である排出事業者に代わって焼却処理業者及び最終処分業者が排出事業者から税を預かり、当該自治体に納税する

焼却処理・最終処分業者特別徴収方式。

④最終処分場での産廃処分(埋立)のみに課税し、最終処分業者が納税義務者となり、自らが最終処分場への産廃の埋立量を申告し、納税する最終処分業者申告納付方式。

これまでのところ、最終処分に対する税率はいずれの方式も産廃1トンあたり1000円と同じである。加えて、焼却などの中間処理にも課税される方式①を採用する三重県と滋賀県では、中間処理の方法によって0・1から0・9の係数が掛けられ、例えば焼却施設や脱水施設への搬入ではトンあたり100円の課税となる。また、方式③を採用する九州地方6県(熊本県を除く)では、焼却処理施設への搬入に対してはトンあたり800円の課税がなされる。

課税方式を選択する際の大きなポイントとして、排出・中間処理・最終処分のどの段階で課税するかがある。産廃の処理責任を持つ排出事業者にきちんと税を負担させるという点では、方式①の排出段階での課税が好ましい。これまで導入されている産廃税の納税義務者も、北九州市で導入されている方式④以外は排出事業者となっている。しかし方式①の場合、一般に排出事業者の数は膨大になるため、排出量に応じた裾きり(多量排出事業者のみに課税するといった対象の限定)が行われる。一方、排出量や最終処分量等の多寡にかかわらず1トンの産廃に等しく課税するという意味での税の公平性や徴税費用を重視すれば、最終処分段階での課税が望ましい。排出事業者に比べ最終処分業者の数は圧倒的に少なく、課税対象となる事業者を減らすことができ、課税対象の裾切り等を行う必要もない。現在のところ方式②を採用する自治体が最も多い。しかし、方式②の場合、最終処分業者から中間処理業者を経て排出事業者にまで適切に税が転嫁されるかという懸念がある。このように、これらの課税方式にはそれぞれ一長一短があり、どの方式が最適であるという結論には至っていない。

産業廃棄物税の効果と課題

産廃税導入以降、産廃の3Rは進んでいるのだろうか。これを確認するために、産廃税導入自治体でよく行われているのが産廃税収の変化を観察するという方法だ。例えば、税収が減っていれば、排出量や最終処分量等が減少したから、排出量や最終処分量等が減少したと言える。しかし、排出量や最終処分量等が減少したからといって、それが課税による効果と言えるかどうかは慎重に判断する必要がある。たまたま経済活動が停滞した時期と課税のタイミングが重なって、産廃の排出量が減っただけかもしれない。あるいは、自治体独自の政策ではなく、国の新たな規制やリサイクル政策によって最終処分量が減ったのかもしれない。ここでも計量経済学の手法を用いた定量的な分析（計量経済分析)が有用だ。本書の性格上、詳細な説明は省くが、計量経済分析を行うことで、産廃の排出量や最終処分量に影響を与える様々な要因について、それぞれの影響度合いを個別に定量的に把握することが可能になる。

筆者は以前、全国47都道府県のデータを用いて、産廃税導入前後における産廃の排出量及び最終処分量の変化を分析した。その主な結果は以下のとおりだ(笹尾 2011a, 2011b)。

- 排出事業者申告納付方式(先述の方式①)及び最終処分業者特別徴収方式(方式②)では、最終処分量の削減効果は確認されなかった。焼却処理・最終処分業者特別徴収方式(方式③)では一部で削減効果が確認されたものの、統計学的な信頼性は低かった。一方、農業や建設業の総生産額の増加は最終処分量の増加をもたらすことが確認された。
- 最終処分業者特別徴収方式(方式②)では、導入3、4年目に排出削減効果が確認されたが、その他の課税方式では有意な排出削減効果は確認されなかった。一方で、経済活動指標の改善が排出増加につながることが確認された。

いずれも産廃税導入前後のやや古いデータが用いられているため、データを更新した分析が望まれるが、税導入による排出・最終処分量削減効果は限定的であると推察される。このように産廃税が産廃の排出や最終処分量の削減にほとんどつながっていない要因として、例えば次の三つの可能性が考えられる(笹尾 2011a)。第一に、産廃税の税率が低い上に、中間処理業者や最終処分業者から排出事業者への税の転嫁が不充分で、排出事業者にとってあまり大きな負担にはなっていない可能性である。先述のとおり、最終処分に対する税率は課税方式にかかわらず、基本的に産廃1トンあたり1000円となっている。排出事業者が実際に支払うのは、これに収集運搬・処理料金を加えた金額となる。多くの産廃は焼却・乾燥・中和といった中間処理を経てから、最終処分場に運搬される。そのため、例えば排出された時点で1トンの産廃が処理残さとして最終処分場に運搬される段階では、1トンより大幅に小さい重量(例えば、100キログラムあるいはそれ未満)となる。このことを踏まえると(収集運搬・処理料金は産廃の品目、処理業者や地域によって違いがあるため一概には言えないが)、特に最終処分段階でのみ課税される方式②や④では、排出事業者の産廃税の負担はあまり大きくならない可能性がある。第二に、排出事業者と廃棄物処理業者の契約関係が固定的で、排出事業者への減量インセンティブを妨げている可能性である。例えば、処理の委託契約が年単位で結ばれていたり、収集運搬車1台分でいくらといった大まかな料金設定になっていたりすると、処理量が多少変動しても委託料金には影響しない可能性がある。第三に、排出事業者の負担緩和等のために一部自治体で導入されている減免措置が減量効果を妨げている可能性である。減免措置の例としては、自社の処理施設への搬入に対する課税の減免や、県が供給する工業用水の利用後の汚泥や下水道から発生する汚泥などへの課税の免除などがある。

4　デポジット制度

デポジット制度とは

デポジット制度とは、製品本来の価格に預かり金(デポジットまたは保証金)を上乗せして販売し、消費されて不要になった製品や容器等が所定の場所に返却された場合に、その預かり金がリファンドとして返却される制度で、保証金制度とも呼ばれる。所定の場所に使用済み製品等を返却した人に対しては補助金のような、返却しない人に対しては課税(課徴金)のような効果を持ち、製品等の回収の促進、ひいてはリユース・リサイクルの促進や不法投棄の防止が期待される。

こうした特徴から、デポジット制度は使用済み製品や容器等の回収に有効な経済的手法として期待されてきた（沼田2014）。デポジット制度に相当する国内で歴史のある導入例として、第2章5節で紹介したビール瓶や一升瓶などのリユース瓶の保証金制度が挙げられる。元々リユース瓶は環境保全のためというよりは、瓶が希少で高価だった時代に酒造業者等が瓶を確実に回収するために採用された。したがって、国や自治体による法規制で導入されたものではなく、民間事業者によって自発的に生まれた仕組みである。この手法は、次章で紹介する拡大生産者責任を実現するための具体的手法の一つとして近年再注目されており、循環経済でも活用が期待される。ただ、リユース瓶は缶や紙パック、PETボトルなど軽量で扱いやすい他の飲料容器への代替が進み、縮小傾向にある。

海外ではガラス瓶だけでなく、PETボトルなどのプラスチックボトルにもデポジットが課されている国もある。例えばドイツでは、リユース瓶のデポジット額は0・08ユーロ、リユース・プラスチック（主にPET）ボトルでは0・15ユーロに対し、リサイクル向け容器（瓶・缶・プラスチックボトル）のデポジット額が0・25ユーロと、リサイクルボトルのデポジットの方がリユースボトルよりも高く設定されている。これは後から加わったリサイクルボトルの回収・リサイクルを促進するためであり、実際にリサイクルボトルの方がリユースボトルよりも高い回収率を達成している（NetZero Pathfinders ウェブサイト）。日本と同様、ドイツでもリユースボトルはリサイクルボトルの普及に押され気味である(DW 2021)。そうした中、2022年1月からはデポジット制度の対象品目が拡大され、それまでデポジットの対象外であったワイン・蒸留酒以外のアルコール飲料やジュース類で、PETボトルを含むプラスチック製容器と缶に入った飲料についてもデポジットの対象となった(DPG 2022)。

デポジット制度の効果

デポジット制度の回収インセンティブが期待されるのは飲料容器に限らない。その辺に放置されたり、単純に焼却したり埋め立てたりすると有害性が懸念されるものにも有効だ。また、第7章で取り上げる脱プラスチックの動きから、最近では食品やシャンプー容器などの日用消耗品に、洗浄して繰り返し使えるリユース容器を利用し、それらを対象としたデポジット制度の運用も始まっている。代表的な例がアメリカを拠点とするリサイクル企業のテラサイクルと、国内ではイオンが共同で2021年から実施している「ループ(Loop)」の取り組みだ。

デポジット制度の効果を経済学的に捉えると図4-2のように理解される。デポジットがない場合、製品の消費量(在庫を無視した場合は生産量でもある)は需要曲線と製品本体価格(供給曲線)の交点の下で決まり、図のAとなる。この時は消費量すべてが廃棄物になる。ここで、

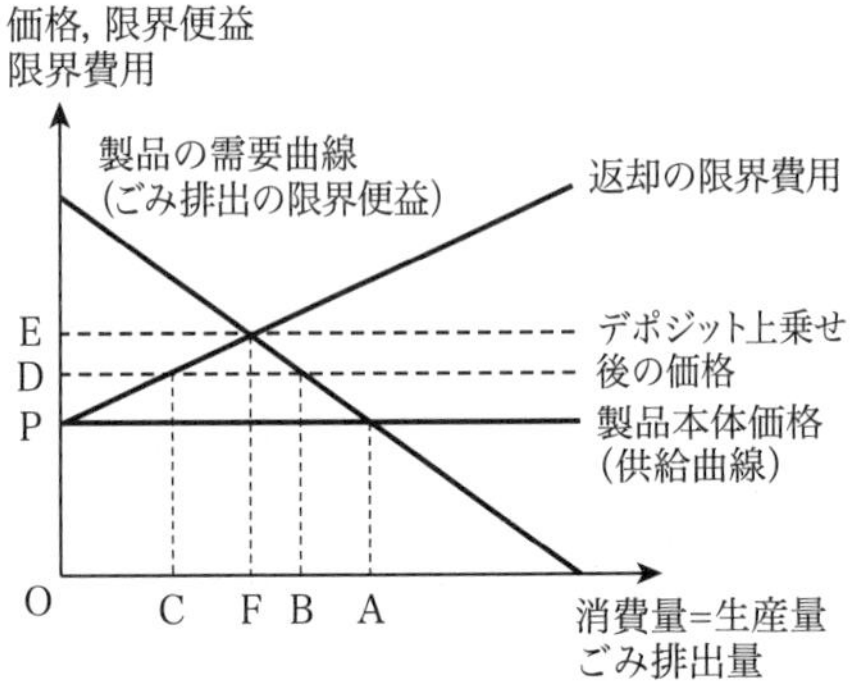

図 4-2　デポジット制度の効果

この製品の容器を回収するためにデポジット（D－Pまたは線分DP）を上乗せすると、Dの破線の所まで価格が上昇するため、需要量（消費量＝生産量）はBまで減少する。この時、容器はどれだけ返却（回収）されるだろうか。容器を返却するためには、消費者が容器を洗浄して、返却場所に持って行く必要があり、消費者にとっては負担となる。これらの経済的負担を表したのが返却の限界費用である。返却量の増加に応じて、追加的な費用が逓増する（次第に増える）と考えられるので、返却の限界費用は右上がりで表現されている。消費者が容器を返却するかどうかは、この限界費用に見合うデポジット（リファンド）が戻ってくるかどうかに依存する。デポジット（リファンド）が限界費用を上回れば、返却するのが合理的（得）なので、Cまでは容器を返却するだろう。逆に、限界費用がデポジット（リファンド）を上回れば、返却する手間の方が大きく感じるので返却しない。したがって、消費量Bのうち返却されるCを除いたB－C（線分BC）は返却（回収）されない容器の量となる。これらは消費者の手元に残され何かに再利用されているかもしれないし、可燃ごみや不燃ごみとして廃棄されたり、不法投棄されたりしているかもしれない。

では、販売した製品の容器を１００％回収するためには、デポジットをどうすれば良いだろうか。答えは簡単だ。回収の限界費用と製品の需要曲線が交わる所、すなわち上の破線までデポジット価格を引き上げＥ－Ｐ（線分ＥＰ）とすれば、理論上は消費量＝回収量となり１００％回収されることになる。しかし、その時の消費量はＦまで減少しており、販売事業者の売上も元の消費量の時と比べて大幅に減少する。そのため現実には、高額のデポジットは消費者・事業者双方にとって抵抗が大きいだろう。

デポジット制度の課題と可能性

デポジット制度は経済的インセンティブとして大変魅力的な仕組みだが、実際にはあまり導入が広がっていない。これはデポジット制度にいくつかの課題があるからだ。

一つは制度運用には事業者の協力が不可欠だが、実際に協力を得るのは困難な場合が多いからである。事業者がデポジット制度に消極的な理由とは何か。まず挙げられるのが、製品購入時の価格上昇によって、需要が減る恐れがあるためだ。また、使用済み製品等の回収のためには様々な準備が必要であり、手間とコストもかかる。例えば、回収の受付場所や機械の設置、デポジット返金に対応する人員の配置等が必要になり、業務負担も増加する。事業者にとってこれらはデポジット導入前にはなかった費用負担(一部は分別収集・選別・保管など既存のリサイクルシステムで自治体が負担していた費用)であり、簡単に導入には踏み切れない。同じ制度を自治体が導入する場合でも、同様の手間とコストがかかる。

もう一つは第5章2節で述べるように、PETボトルなどの容器包装廃棄物の場合、容器包装リサイクル法の下ですでにリサイクル体制が整備されている。同法律の施行後、容器包装廃棄物の回収率及び再資源化率は上昇し、国民にも分別回収やリサイクルが定着してきた。そうした中でのデポジット制度の導入は、事業者の負担のみならず、消費者にも自治体のごみ収集とは別に容器を返却するなどの手間をもたらす。また自治体にとっても、制度導入に向けて住民への説明が必要となり、相応の負担となるだろう。このような場合、経済学的には、デポジット制度導入による追加的な便益が追加的な費用を上回るのであれば、制度導入が妥当であるということになる。ここで議論となるのが、追加的な便益と費用をどのように見積もるかだ。制度導入を進めたい自治体や環境団体などは便益を高く評価し、費用を低く見積もる傾向にある一方で、制度導入に慎重な事業者等は便益を低く評価し、費用を高く見積もる傾向にある。

そこでデポジット制度を活用するとすれば、有用性（資源性）が高いにもかかわらず、これまで回収の仕組みが充分整っていない製品、例えば携帯電話・スマートフォンなどが考えられる。携帯電話の回収率（専売店等でのリサイクル目的の回収台数／（専売店等での機種変更＋任意解約数）に１００を乗じた値）は現状では約15％にとどまっている（２０２１年度、情報通信ネットワーク産業協会 2022）。メインの通信機器としては使われなくなった携帯電話・スマートフォンの多くは家庭等で保管（退蔵）されている。これらの中には、自宅等でのインターネット閲覧や時計としての利用など二次的な用途で使用されているものもあるが、個人情報がきちんと保護されれば、実際には処分しても良いと思う消費者も多いようだ（産業構造審議会環境部会廃棄物・リサイクル小委員会 2012）。特に最近はスマートフォンが普及し、個人情報の流出への懸念が以前よりも増し、処分することへの抵抗感も強くなっている。一方で、携帯電話・スマートフォンには鉄・アルミニウム・銅などのベースメタル、金・銀などの貴金属、そしてインジウム・タンタル・リチウムなどのレアメタルが含まれ、金属以外のプラスチックやガラスなどの素材についても、再資源化可能だ。こうした資源を有効活用するためには、携帯電話等の回収を促進するインセンティブとあわせ、個人情報の確実な消去等、運用管理の徹底が求められる。

他にも、携帯電話・スマートフォン、デジカメなどの各種電子機器に使用されている小型充電式電池の回収などが課題となっている。中でもリチウムイオン電池は可燃ごみや不燃ごみ等として他のごみと一緒に排出された場合に、ごみ収集車や処理施設内で発火し、火災を引き起こすといった問題が発生している(寺園 2022)。こうした小型充電式電池の分別回収を促進するには、デポジット制度の活用を含めた経済的インセンティブの導入が有効だろう。

第5章
拡大生産者責任という考え方
動脈産業と静脈産業の連携

リサイクルのために回収された冷蔵庫
（秋田県内の家電リサイクル工場にて）

1　拡大生産者責任とは何か

拡大生産者責任（EPR）とは

拡大生産者責任（Extended Producer Responsibility：以下EPR）とは、製品に対する生産者の責任を製品の使用後にまで拡大するもので、スウェーデンにあるルンド大学のトーマス・リンクヴィスト博士らによって最初に提唱された概念である。EPRの概念について政策的な観点から本格的な検討を行ったOECD（経済協力開発機構）の定義によると、EPRは使用済み製品の処理や処分に関して、生産者が物理的責任か財政的責任の少なくとも一方を負うという政策アプローチを意味する。日本ではこれまで、容器包装・家電・自動車・パソコンなどでEPRに基づいた政策が導入されてきた。これらの使用済み製品等は可燃ごみや不燃ごみといった他の廃棄物とは別に回収され、生産者が何らかの形で処理やリサイクルに関与している。EPRの運用にはモノの生産・流通から成る動脈産業と廃棄物の回収・処理から成る静脈産業の連携が必要であり、循環経済への移行に不可欠な政策アプローチである。

OECDがEPRについての検討を開始したのは1994年に遡る。日本を含むOECD加盟国では、廃棄物の増加と質の変化に伴う環境汚染が社会問題となり、従来のように一般廃棄物の処理を地方自治体だけに任せるには技術的にも財政的にも限界に直面していた。そうした中で、生産者に対し使用済み製品の処理に一定の責任を負わせるＥＰＲが提案された。ＥＰＲの適用により、製品設計の段階から生産者が使用済み製品の処理に際して環境面で配慮することが期待された。２００１年には、ＯＥＣＤによってＥＰＲのガイダンスマニュアルが発表された(OECD 2001)。その後、ＥＰＲに基づく政策はＯＥＣＤ加盟国だけでなく、新興国や開発途上国でも導入されるようになり、２０１６年には改訂版のガイダンスマニュアルが発表された(OECD 2016)。

拡大生産者責任の目標と手段

ＥＰＲの最終目標としてＯＥＣＤ(2001)では、資源投入量の削減(天然資源や原材料の保全)、廃棄物の発生抑制、より環境適合的な製品の設計、持続可能な開発のための資源の循環利用促進の四つが挙げられた。一つ目の「廃棄物の発生抑制」は英語でWaste Preventionと呼ばれるものであり、日本の３Ｒのリデュースより幅広い概念である。これはＥＵ廃棄物枠組み指令(2008/98/EC)によると、物質・原材料・製品が廃棄物になる前にとられる措置で、製品のリユースや長寿命化を含む廃棄物の量的な削減、廃棄物発生に伴う環境や人間の健康への悪影響の削減、製品や原材料の有害物質使用量の削減などが含まれる。

一方、EPRの手段としてOECD（2016）では、①製品の引取り義務付け、②経済的手法、③規制的手法、④情報的手法の四つが挙げられた。①は家電などのリサイクルで日本でも導入されている。②の経済的手法では、（1）デポジット制度、（2）前払い処理料金（Advance Disposal Fees）、（3）（天然）資源税、（4）上流での税と補助金の組み合わせ（Upstream Combination Tax/Subsidy）が具体的手法として挙げられている。（1）については第4章4節で紹介した。（2）は消費者が商品購入時に収集運搬や処理に係る料金を前払いする制度で、日本では家庭用パソコンや自動車のリサイクル料金が該当する。（3）は国内では導入事例がなく、海外でも導入事例がそれほど多くない。数少ない例として、中国で導入されているレアアース（レアメタルの一種で希土類とも呼ばれる）を生産する企業への課税が挙げられる。（4）はデポジット制度と似ているが、消費者からの預かり金を償還するのではなく、製品ライフサイクルの上流に位置する生産者等に課税し、下流の廃棄物処理業者等に補助金を支払う手法である。これも国内では導入事例がなく、[*] 海外でも導入事例が少ないが、オーストラリアの廃油と台湾の廃家電への適用事例がある。後者の台湾の事例は、国が設けた「廃電気・電子製品処理基金」に家電等の生産者・輸入業者が資金を拠出し、基金から廃棄物処理業者に補助金を支出する仕組みであり、資源回収基金管理委員会(基管会)制度とも呼ばれる。③の規制的手法の具体例としては、再生資源の最低利用基準が挙げられている。国内では、政府や自治体等に対し環境配慮製品の購入を義務付けるグリーン購入法(正式名称：国等による環境物品等の調達の推進等に関する法律)の対象品目で基準が設けられ、例えばコピー用紙の場合、古紙パルプ配合率の最低基準は70％に設定されている。④の情報的手法では生産者に対し、製品・原材料の表示、EPRや分別に関する消費者とのコミュニケーション、リサイクル業者への使用物質の通知などを求めている。なお、以前のOECD(2001)では情報的手法ではなく、リースやサービス化のような販売手法が、産業界主導型のその他の手段として挙げられていた。

＊次節で紹介する日本の容器包装リサイクル制度も金銭の流れに着目すれば、上流での税と補助金の組み合わせに似ている。しかし日本の容器包装リサイクルでは、容器包装を製造・利用・販売する事業者に再商品化(リサイクル)費用の一部を税ではなく課徴金として負わせており、また再商品化事業者が受け取るのは政府等からの補助金ではなく、再商品化業務に対する事業者からの委託金となっている。このように、金銭面で政府が介在していない点で、上流での税と補助金の組み合わせとは異なる。

2　日本の容器包装リサイクルにおける拡大生産者責任

日本の容器包装リサイクル制度

日本では高度経済成長期に廃棄物の排出が急増し、廃棄物最終処分場の逼迫が社会問題になった。そこで最初に排出削減のターゲットとなったのが、一般廃棄物の容積で6〜7割、重量で2〜3割を占める容器包装廃棄物である。しかし、容器包装廃棄物の排出削減を、その収集処理だけを行う市町村が単独で取り組むのは限界があり、容器包装を生産または利用する事業者にもそうした取り組みに関与することが求められた。

１９９５年に国内で初めてＥＰＲの考え方を取り入れた容器包装リサイクル法（正式名称：容器包装に係る分別収集及び再商品化の促進等に関する法律）が制定された。１９９７年からはガラス瓶・缶・ＰＥＴボトルなど一部品目を対象に、２０００年からは紙製容器包装と、ＰＥＴボトル以外のその他プラスチック製容器包装（レジ袋、パン・お菓子などの袋、ＰＥＴボトルのキャップ、カップ麺やシャンプー・洗剤などの容器等）に対象を拡大して施行された。

この法律では、消費者が容器包装廃棄物の分別排出、市町村が分別収集・選別保管、容器や包装を製造・利用する事業者（法律では「特定事業者」）が再商品化（いわゆるリサイクル）するというように、各経済主体の役割分担が決められた。そして、これらすべての主体が一体となって容器包装廃棄物の削減・再生資源の有効利用に取り組むことを義務付けた。同法律の詳細な仕組みについては環境政策や環境法等の参考書や解説書(例えば、大塚2020や北村2020など)で詳しく紹介されているので、本書では詳細に立ち入らず、経済的な関わりが強い部分に注目する。

容器包装リサイクル法で対象となる廃棄物は、原則としてすべての容器包装廃棄物である。ただし、事業者が再商品化する義務があるのは、消費者が分別排出して、市町村が分別収集した容器包装廃棄物のうち、法令で定められた分別基準に適合したもの(「分別基準適合物」と呼ばれる)である。同法律で「再商品化」とは、対象となる分別基準適合物を、①製品の原材料として利用する者、または製品としてそのまま使用する者に有償または無償で譲渡しうる状態にすること、あるいは②分別基準適合物を自らが製品の原材料か製品としてそのまま利用することを意味する。第1章1節で述べたように、廃棄物とは一般に不要物であり、処理するのにお金がかかる逆有償であるが、①は再商品化することで有価物(あるいは少なくともタダでも引き取られる状態)に転換させることを意味する。

注意が必要なのが、分別された時点で有償または無償で譲渡できる(処理料金を支払う必要のない）容器包装廃棄物については、すでに市場で再商品化されているとみなして、分別収集の対象ではあるが再商品化の義務からは除外されている点である。この具体例として、スチール缶、アルミ缶、紙パック、段ボールが挙げられる。これらは分別された時点で有価物なので、法律でリサイクルを義務付ける必要がないという訳だ。逆に言えば、法律でリサイクルが義務付けられている容器包装廃棄物は、市場メカニズムだけではリサイクルされないものということになる。具体的には、ガラス瓶、ＰＥＴボトル、ＰＥＴボトル以外のその他プラスチック製容器包装、紙パック以外のその他紙製容器が対象となっている。

では、日本の容器包装リサイクル制度はどのような形でＥＰＲを採用しているだろうか。消費者が排出した容器包装廃棄物は、市町村またはその委託を受けた民間の収集運搬業者によって分別収集された後、市町村等の選別保管施設で必要に応じてさらに選別され、事業者が引き取るまで保管される。事業者が関わるのはそこから先、保管場所からリサイクル施設までの運搬と再商品化の委託及びそれらの負担である。なお、ここでの事業者とは「特定事業者」を指し、①容器や包装を利用する中身を販売する事業者（製造業者、小売・卸売業者）、②容器の製造事業者、③容器や包装を利用した商品の輸入販売事業者から成る。すなわち、容器包装の生産者だけでなく、それらを利用する幅広い事業者が含まれている。ただし、売上高や従業員数が一定規模以下の小規模事業者は除かれる。容器包装リサイクル法では事業者自身が再商品化に関わることを排除していないが、多くの事業者は同法律に基づく指定法人である公益財団法人日本容器包装リサイクル協会を通じて、専門の処理業者に再商品化を委託している。すなわち、ＯＥＣＤによるＥＰＲの定義に照らせば、この制度は生産者等がリサイクルに関する財政的責任を負う形になっている。

容器包装リサイクル制度導入の効果

容器包装リサイクル制度導入による直接的な効果は容器包装の削減とリサイクル促進である。容器包装リサイクル法の施行後、容器包装廃棄物の分別収集を行う市町村の数は着実に増えている（環境省ウェブサイトｅ）。では実際に、容器包装がどれだけ削減され、リサイクルはどの程度増加しているのだろうか。容器包装の使用（出荷）量については、ガラス瓶やスチール缶からＰＥＴボトルやアルミ缶、紙パックなどへの容器の素材の転換にも留意する必要がある。こうした変化は容器包装リサイクル制度導入の効果というよりは、軽さや開栓後も蓋ができる利便性を重視したライフスタイルの変化によるところが大きいと考えられる。したがって、ここでは容器包装リサイクル制度導入後の容器ごとの軽量化に着目する。容器包装の素材ごとに作られた8つの業界団体が3R推進団体連絡会と呼ばれる組織を結成している。同連絡会は、容器包装のリデュースとリサイクルに関する現状を取りまとめるとともに、2006年からは5年ごとに自主的な行動計画を策定し、リデュースとリサイクルに関する目標を発表している。現在は2021年4月に発表された「自主行動計画2025」における目標達成に向けて取り組んでいる。リデュースとリサイクルに関する達成状況(2010年度と2020年度の実績)と2025年度目標は表5-1のとおりである。

ガラス瓶・PETボトル・スチール缶・アルミ缶については、容器1本(缶)あたりの平均重量が2004年度と比較してどれだけ軽量化されたかを指標とし、最も軽量化が進んだのがPETボトルで、2020年度時点ですでに2025年度の目標を達成している。その他の素材についても、一定程度の軽量化が実現している。PETボトル以外のその他プラスチック製容器包装と紙パック・段ボール以外のその他紙製容器包装については、2004年度を基準とした総量のリデュース(削減)率を指標としており、紙製容器包装では2020年度時点ですでに2025年度の目標を達成しているが、プラスチック製容器包装ではまだ目標に達していない。紙パック・段ボールについては1m^3あたりの平均重量が2004年度と比較してどれだけ軽量化されたかを指標とし、2020年度時点の実績値は2025年度の目標をやや下回っている。

表 5-1　容器包装廃棄物のリデュース・リサイクル目標の達成状況

単位：%

素材	リデュース目標の達成状況			リサイクル目標の達成状況			
	指標（2004 年度比）	2020 年度実績	2025 年度目標	指標	2010 年度実績	2020 年度実績	2025 年度目標
ガラス瓶	1 本（缶）あたりの平均重量の軽量化率	2.2	1.5	リサイクル率	67.1	69.0	70
PET ボトル		25.3	25.0		83.5*	88.5	85
スチール缶		8.6	9.0		89.4	94.0	93
アルミ缶		5.8	6.0		92.6	94.0	92
プラスチック製容器包装	リデュース率	19.2	22.0		**	46.5	60
紙製容器包装		23.5	15.0	回収率	20.3	25.1	28
紙パック	1 m^3 あたりの平均重量の軽量化率	2.5	3.0		43.6	38.8	50
段ボール		6.1	6.5		95.0	96.1	95

**その他プラスチック容器包装の 2010 年度実績はリサイクル率ではなく，収集率として公表されているため省略.

出典：*のみ PET ボトルリサイクル推進協議会（2014）より，それ以外は 3R 推進団体連絡会（2023）より筆者作成

またリサイクル促進という点では、ＰＥＴボトル・スチール缶・アルミ缶・段ボールについては、２０２５年度時点で85％以上の高いリサイクル率目標が設定されているが、いずれの素材も２０２０年度時点ですでに目標を達成している。特にＰＥＴボトルは２０２１年度までの過去10年間に渡って、概ね85％前後のリサイクル率を維持し、この値は欧州の平均的な水準である約50％（Zero Waste Europe 2022）を大幅に上回っている。一方、ＰＥＴボトル以外のその他プラスチック製容器包装・紙パック・その他紙製容器包装のリサイクル率は低い水準にとどまっており、今後の目標達成が課題である。

以上のような容器包装リサイクル制度導入による容器包装廃棄物の削減とリサイクル促進は、一般廃棄物全体の排出抑制やリサイクル率の向上をもたらし、ひいては最終処分量の減少や最終処分場の延命にも一定程度貢献したと考えられる。ただし、これらの間接的な効果は、国や自治体レベルでこの間実施されてきた他の３Ｒ推進政策と相まったものであることには注意を要する。

容器包装リサイクル制度の課題

一方で容器包装リサイクル制度には課題もある。一つは費用負担の問題である。日本の容器包装リサイクルでは他の一般廃棄物と同様、従来どおり市町村が収集運搬と選別保管を担っている。この費用（管理部門含む）は２０１０年度時点で年間約２５００億円に及ぶ（産業構造審議会産業技術環境分科会廃棄物・リサイクル小委員会容器包装リサイクルワーキンググループ 中央環境審議会循環型社会部会容器包装の３Ｒ推進に関する小委員会合同会合 2016）。トンあたりでは約９万３０００円となり、同じ年度の一般廃棄物処理事業全体の平均費用約４万３０００円の２倍以上である。こうした市町村の負担を緩和するために、２００８年度からは容器包装廃棄物の品質や低減度合いに応じて、事業者から日本容器包装リサイクル協会を通じて市町村に資金が支出される「合理化拠出金」と呼ばれる制度が導入された。これは、想定されていたリサイクル費用より実際にかかった費用が少なかった場合に、その差額の半分を市町村（及びその住民）による貢献とみなすものである。日本容器包装リサイクル協会のウェブサイトによると、合理化拠出金の額は同制度が始まった２００８年度には95億円に達したが、想定されていたリサイクル費用と実際にかかった費用の差が年々小さくなり、２０２０年度以降は０円となっている。また２０００年代半ば以降、中国等による使用済みＰＥＴボトルの引き合いが高まったことに伴い、２００６年度からは再商品化事業者が日本容器包装リサイクル協会を通して、市町村にお金を支払う有償入札も導入された。現在は、ＰＥＴボトルの大部分と紙製容器包装の一部で有償取引が行われている。有償取引によって事業者から市町村に支払われた総額は、過去5年間の平均で概ね70〜80億円程度で推移している。こうした有償取引は容器包装リサイクル法が施行された当初は想定されていなかったものだが、資源廃棄物の価値はその時々の需要と供給で決まることを示している。

事業者による負担も無視できない。特定事業者が日本容器包装リサイクル協会を通じて再商品化事業者に支払った再商品化実施委託料の総額は２００６年度に４８０億円に達した後、しばらくは年間４００億円前後で推移していたが、２０２０年度以降再び増加し、２０２１年度には４８８億円に及んでいる(日本容器包装リサイクル協会ウェブサイト)。このほとんどはＰＥＴボトル以外のその他プラスチック製容器包装の再商品化に係るものである。

その他プラスチック製容器包装のリサイクル費用が高くなる原因として、まず単一素材であるＰＥＴボトルと違い、その他プラスチック製容器包装には様々な素材が含まれていることが挙げられる。また、プラスチックの原材料としての再生利用が望ましいという理由から、国がマテリアルリサイクルを優先してきたことも挙げられる。マテリアルリサイクルは材料リサイクル、あるいは欧米ではメカニカルリサイクルとも呼ばれ、廃棄物をその素材を活かしたまま、製品の原材料として再生利用するリサイクル手法である。例えば、食品トレーから再び食品トレーやプラスチックのおもちゃ、文房具などに再生するリサイクルがある。いわゆるリサイクルと聞いて、私たちの多くがイメージするのがこのマテリアルリサイクルだろう。プラスチックの場合、他にもケミカルリサイクルと呼ばれる手法がある。これは廃プラスチックを化学的に分解して、化学製品の原料として再利用するリサイクル手法である。例として、使用済みPETボトルを粉砕し、分子レベルまで分解した後、不純物を取り除いて、再び分子を結合(重合)してPETボトルに再生する方法(第2章6節で紹介したPETボトルの水平リサイクル)*、製鉄所の高炉で還元剤としてコークス(石炭を蒸し焼きにした物質)の代わりに利用する方法、高温で熱分解してガス化し、水素やアンモニア等の化学工業原料や燃料を取り出す方法などがある。さらにサーマルリサイクルといって、廃プラスチックを焼却して熱エネルギーを回収する方法もある。ただし、この手法は単に燃やしたり、埋立処分したりするよりは望ましいが、一度熱回収すればそれ以上は利用できず、資源の有効活用や二酸化炭素排出という面では課題もある。そのため、国内の容器包装リサイクルでは緊急避難的な場合しか認められていない。また欧米では、サーマルエナジーリカバリー(熱エネルギー回収)や単にエナジーリカバリーと呼ばれ、そもそもリサイクルには含まれない。一般に、マテリアルリサイクル、ケミカルリサイクル、サーマルリサイクルの順にコストが高い。国内におけるその他プラスチック製容器包装のマテリアルリサイクルとケミカルリサイクルの比率は、ここ数年概ね4対6で推移している。このようにマテリアルリサイクルのコストが高いにもかかわらず、その比率が一定程度に維持されているのは、プラスチックの容器包装リサイクルにおいて国がマテリアルリサイクルを優先していることが影響している。なお、プラスチックのリサイクルについては第7章1節でも取り上げる。

＊PETボトルの水平リサイクルにはマテリアルリサイクルによるものもある。

市町村が負担する費用は税金を通じて、私たち住民が負担する。また事業者の負担もその一部は商品価格への転嫁を通じて、私たち消費者が負担する。こうした費用はこれまで私たちが負担していなかった社会的な費用を社会全体として負担するようになったことを意味する。容器包装全体としての発生抑制がもっと進めば、これらの費用も節約できる。しかし、先述のように容器単体の軽量化は進んだが、PETボトルやその他プラスチック製容器包装のように販売量自体が増大したものもあり、容器包装全体としての発生抑制は充分に進んではいない。かつて主流であったビール瓶や一升瓶・牛乳瓶など洗浄して繰り返し再利用されるリユース瓶も、1回使えば終わりの使い捨て容器に次々と置き換えられた。これらの容器の多くも確かにリサイクルはされるが、リデュース・リユースの2Rは後退した。

国内での資源循環を前提としていた容器包装リサイクルであるが、第3章4節でも述べたようにその一部は海外にも流出している。循環経済においては、国内で必要な資源を確保しながらも、国際的な資源循環をうまく活用していくことが求められる。

3　欧州の容器包装リサイクルにおける拡大生産者責任

欧州の容器包装廃棄物リサイクル指令

ＥＵで初めてＥＰＲの考え方が採用されたのは、１９９４年に採択された容器包装廃棄物指令である。この指令は、後述のドイツで１９９１年に容器包装廃棄物政令が制定されたのを受け、ＥＵ域内での容器包装廃棄物の回収・リサイクルシステムの導入を目指し、加盟国に対し具体的な措置を求めた。同政令の施行以降、何回かの改正を経て目標が見直され、２０１８年の改正では、容器包装廃棄物のリサイクル率を２０２５年末までに65％(材質別では、プラスチック製50％、木製25％、鉄製70％、アルミ製50％、ガラス製70％、紙製・段ボール75％)、２０３０年末までに70％(材質別では、プラスチック製55％、木製30％、鉄製80％、アルミ製60％、ガラス製75％、紙製・段ボール85％)にすることを目標としている。

本節では、日本より一足早く容器包装リサイクルを導入したドイツ・フランス、そして日本と同時期に開始したベルギーの3カ国の制度について紹介する。各国の容器包装リサイクルシステムはEPRの適用方法が少しずつ異なっており、これら3カ国でのリサイクルの仕組みについて理解することは、日本のリサイクルシステムの課題を検討する上でも有用である。

ドイツの容器包装リサイクル制度

ドイツでは、EUで容器包装廃棄物指令が採択される前の1991年に、容器包装廃棄物政令を制定し、世界で初めてEPRを制度化した。日本や後述するフランス・ベルギーの制度との大きな違いは、容器包装廃棄物のリサイクルだけでなく、収集運搬も(自治体ではなく)事業者が行うという点にある。ドイツでは容器包装廃棄物以外の残余ごみ(日本で言う可燃ごみや不燃ごみ)が有料で収集されるのに対し、容器包装廃棄物は無償で回収され、容器包装廃棄物を分別するインセンティブになっている。政令施行から2004年までは、容器包装に関係する事業者が共同で設立したDSD(Duales System Deutschland)社と呼ばれる生産者責任組織が、リユースボトルなどのデポジット対象容器を除く容器包装廃棄物の回収・リサイクルを一手に引き受けていた。このリサイクルシステムの下では、容器包装を利用する商品の生産者や販売事業者（輸入事業者含む）、容器そのものの生産者は、容器包装廃棄物の収集運搬とリサイクルをDSD社に委託する代わりに、グリューネ・プンクトと呼ばれる「緑のマーク」（実際には白黒のマークもある）のライセンス料金をDSD社に支払う。つまり、「緑のマーク」が付いた容器包装は事業者がリサイクルに係る費用を負担（その一部は商品価格に転嫁され消費者が負担）しており、消費者は資源ごみとして無料で排出できる。そして、このライセンス料金収入によって、DSD社は容器包装廃棄物の収集運搬・選別・リサイクルを行う。当初はマテリアルリサイクルのみが想定されていたが、1998年の政令改正後はケミカルリサイクルや熱回収などマテリアルリサイクル以外の手法も認められるようになった。こうした方針転換の背景には、特にプラスチックのリサイクル費用低減への期待がある。

しかし、DSD社の設立当初から高コストで非効率な体質が問題視され、競争原理が働かない独占体制の改善が求められた。こうした事態を受けて、2003年以降、DSD社は完全民営化され、他社が容器包装リサイクルの運営に参入するようになった。2020年4月時点でDSD社を含む9社が事業を行っている（PREVENT Waste Allianceウェブサイト）。

一方、政令改正後も容器包装廃棄物の排出量が増加傾向にあるという課題があった。そこで、一層の容器包装廃棄物の削減とリサイクル推進を目指して、容器包装廃棄物政令を格上げする形で2017年に容器包装廃棄物法が制定され、2019年1月から施行された。その後EUの「特定プラスチック製品の環境負荷低減に関する指令」に準拠するために、2021年には早速1回目の法改正がなされ、同年7月から段階的に施行された。この改正により使い捨て容器のデポジット制度の対象品目も拡大された。具体的には、これまで対象外だったジュース、発泡ワイン、カクテルなどのアルコール混合飲料等が入った使い捨てプラスチック製ボトルや缶も対象となった。今後は牛乳などの乳製品にも拡大予定だ。また、厚さ15マイクロメートル(0・015㎜)以上50マイクロメートル(0・05㎜)未満のプラスチック製レジ袋の販売も禁止されるようになった。さらに、容器包装廃棄物のリサイクル率の目標も引き上げられた。

2020年時点の容器包装リサイクル率は素材別の(熱回収を除く)リサイクル率を単純平均した値で82%に達する(ZSVR(ドイツ中央包装登録局)ウェブサイト)。材質別では、鉄製が93%、アルミ製が107%、ガラス製が82%、紙製・段ボールが91%、飲料用紙製容器が76%、プラスチック製が61%(熱回収を含めると104%)、その他複合素材が63%となる。なおリサイクル率100%を超える品目があるのは、ライセンス料金を支払わない企業の製品や、国外で購入され国内に持ち込まれた製品が回収されているためである。これは次に紹介するフランスとベルギーの事例でも同様だ。ドイツは容器包装廃棄物法が定める品目別のリサイクル率を全品目で達成し、ＥＵ指令の２０３０年目標もすでに達成している。

フランスの容器包装リサイクル制度

フランスでも、ＥＵ容器包装廃棄物指令の採択前である１９９２年に、容器包装廃棄物政令を制定した。ドイツのリサイクルシステムとの大きな違いは、容器包装廃棄物の収集運搬は自治体が行い、その費用の一部（80％を目安）を事業者団体が財政支援するという点である。自治体が容器包装廃棄物を収集する方式は日本と同様だが、事業者から自治体に財政的な支援が行われるという点で日本とは異なる。フランスでは、エコ・アンバラージュ（Eco Emballages）（現シテオ）と呼ばれる生産者責任組織（ドイツのＤＳＤ社に相当）を設立し、容器包装を製造したり利用したりする事業者（輸入業者含む）がポワン・ヴェールと呼ばれる「緑のマーク」のライセンス料金を生産者責任組織に支払う。基本的に、対象となる容器包装は分別してリサイクルすれば有価物となるものであり、ライセンス料金の用途は分別収集コストのみとなる。ただし、市況により逆有償が発生した場合には、生産者責任組織からリサイクル業者に価格が補塡される。エコ・アンバラージュは２００５年にワインボトル等の収集・リサイクルを行っていたアデルフ（Adelphe）社を統合、２０１７年には紙類の収集・リサイクルを行っていたエコフォリオ(Ecofolio)と合併し、シテオ(Citeo)という新会社に引き継がれた。フランスの容器包装リサイクルでもう一つ特徴的なのは、同じ容器包装でもリサイクルのしやすさなどに応じてライセンス料金を増減させる「調整料金(modulated fees)」の採用である。例えば、複合素材を用いたプラスチック容器は単一素材と比べ、ライセンス料金が高く設定され、環境配慮設計へのインセンティブを与えている(Laubinger et al. 2021)。こうした「調整料金」の仕組みはOECDの改定版EPRガイダンスマニュアル(OECD 2016)でも紹介され、容器包装以外に廃電気・電子機器などでも導入されている事例がある。

２０２１年時点の容器包装リサイクル率は72%(鉄製１２７%、アルミ製58%、紙製72%、プラスチック製30%、ガラス製88%)に達し、平均ではEU指令の２０３０年目標をすでに達成している(CITEO 2022)。なお、プラスチックリサイクルについては、当初は基本的にマテリアルリサイクルのみが想定されていたが、近年はケミカルリサイクルも容認されている。

ベルギーの容器包装リサイクル制度

ベルギーでは、日本で容器包装リサイクル法が施行されたのと同じ、１９９７年から家庭系の容器包装廃棄物のリサイクルが始まった。ベルギーのリサイクル制度はフランスの仕組みと似ている。容器包装廃棄物の収集運搬は自治体が行い、その費用の全部(容器包装でない古紙の分は除く)をベルギー国内唯一の生産者責任組織であるフォストプラス(Fostplus)が財政支援している。容器包装の残余物については熱回収も容認されている。また従来、プラスチックの分別収集はPMD(Plastic bottles, Metal packaging and Drink cartons の略)と呼ばれるプラスチック・缶・飲料紙パックの各容器や、HDPE(高密度ポリエチレン)などのプラスチックに限定されていたが、2019年から地域ごとに段階的にその他の軟質プラスチック類についても分別収集を開始し、2021年10月にベルギー全土で導入された。

2021年時点の容器包装リサイクル率は90%(鉄製105%、アルミ製94%、紙製・段ボール92%、飲料用紙製容器73%、プラスチック製52%、ガラス製114%)に達し、EU指令の2025年目標をすでに達成している(Fostplus 2021)。プラスチック以外は2030年目標も既に達成している。ベルギーでは、自治体の容器包装廃棄物の収集運搬に係る費用の全額を事業者が負担しながらも、容器包装以外の古紙のように市場価値の高いものを含めることで収益を生み出し、事業者負担が過度に大きくならないよう制度設計されている(笹尾 2019)。

4　日欧の家電リサイクルにおける拡大生産者責任

日本の家電リサイクル制度

日本で、また欧州でも、容器包装廃棄物の次に排出削減とリサイクル促進のターゲットとなったのが、テレビや冷蔵庫などの使用済み家電(廃家電)であった。家電の大型化と複雑化が進む一方で、家電に使用された有害物質や有用資源がほとんど回収されることなく、粗大ごみとして破砕後、埋立処分されていた。容器包装廃棄物と同様、市町村だけで廃家電の排出削減とリサイクル促進に取り組むには限界があり、それらの生産や販売に係る事業者の協力が不可欠だった。

そこで日本では1998年に、家電リサイクル法(正式名称：特定家庭用機器再商品化法)が制定され、2001年から施行された。この法律では、家電のうち、エアコン、ブラウン管テレビと液晶・プラズマなどの薄型テレビ、冷蔵庫・冷凍庫、洗濯機・衣類乾燥機の4品目が特定家庭用機器として指定された。そして、消費者・小売業者・製造業者(輸入業者を含む)に次のような役割分担が決められた。消費者は特定家庭用機器を廃棄する際、小売業者等に引き渡し、リサイクル料金を支払う。小売業者は廃棄された特定家庭用機器を引き取り、指定引取り

表 5-2　標準的な家電リサイクル料金

品目	法施行当初 2001 年	2023 年 1 月時点
エアコン	3675 円	990 円
小型テレビ（15 型以下）	2835 円（ブラウン管のみ）	1320 円または 1870 円
大型テレビ（16 型以上）		2420 円または 2970 円
小型冷蔵庫（170 L 以下）	4830 円	3740 円
大型冷蔵庫（171 L 以上）		4730 円
洗濯機・衣類乾燥機	2520 円	2530 円

出典：家電リサイクル券センターウェブサイトより筆者作成

場所で製造業者（輸入業者含む）に引き渡す。製造業者は引き取った特定家庭用機器を再商品化する。ここで再商品化とは、機械器具が廃棄物となったものから部品と材料を分離し、製品の部品または原材料として自ら利用するか、それらを利用する者に有償または無償で譲渡し得る状態にする行為を指し、熱回収も認められている。なお、エアコンと冷蔵庫・冷凍庫では冷媒用のフロンガス、冷蔵庫・冷凍庫では断熱材用のフロンガスの回収・処理も義務付けられている。

ＯＥＣＤのＥＰＲの定義に照らせば、消費者が廃家電の再商品化に係る費用負担を行い、生産者等が実際に再商品化することで物理的責任を負う形になる。表5-2に示すように、現在の標準的なリサイクル料金は家電リサイクル法施行当初と比べ、大型テレビや洗濯機・衣類乾燥機を除くと低下している。この背景にはリサイクル技術の向上や効率化に加え、回収される資源の価格が上昇したことが影響している。なお、消費者が廃家電を排出する際には、リサイクル料金に加え、収集運搬料金の支払いが発生する。

ところで、現行制度では消費者が家電を廃棄する際にリサイクル料金を支払う後払いの方式がとられているが、制度設計時や法施行後も前払いを支持する議論があった。細田（2012, 2022）が指摘するように、前払いか後払いかの支払い方式がもたらす結果について経済理論的には差がないが、実務的な面での違いがある。前払いを支持する側の理由は次のようなものだ。後払いの場合、生産者に対する環境配慮設計やリサイクル費用低減へのインセンティブが弱く、消費者に対しては不法投棄や不適正処理を助長する。一方、後払いを支持する側の理由は次のようなものである。家電の場合、使用期間が10年以上に及ぶこともあり、前払いでは既に販売した商品のリサイクル料金を徴収できないことや、廃棄時点で必要なリサイクル料金を販売時点で正確に予測することが難しい。また、販売時に消費者から受け取ったお金を当該商品のリサイクル時に充てる場合、資金管理の問題が発生する。一方、消費者から受け取ったお金を同時期に排出された他の家電のリサイクル費用に充てる場合には、受益と負担が一致しないといった問題が挙げられた。このように何を重視するかによって、前払い・後払いのどちらが良いのかの判断は分かれる。この点については、後ほど欧州の事例も参考にしながら改めて議論する。

家電リサイクル制度導入の効果と課題

家電リサイクル制度導入による直接的な効果は廃家電のリサイクル促進である。家電リサイクル法施行当初２００１年度の引取り台数は4品目合計で約８５５万台であったのが、２０２０年度には約１６０２万台と倍近くまで増加している。排出台数ベースで見た廃家電の品目別回収率（出荷台数に対し、適正に回収・リサイクルされた台数の割合）はエアコンが51・7％、テレビが61・8％、冷蔵庫・冷凍庫が92・4％、洗濯機・衣類乾燥機が92・6％となっている（２０２０年度、経済産業省・環境省 2022）。このようにエアコンとテレビの回収率は低いが、冷蔵庫・冷凍庫、洗濯機・衣類乾燥機の回収率は高い傾向にある。一方、再商品化工場で処理された廃家電のうち回収された資源（部品や材料）の重量比を表す再商品化率（２０２０年度）で見ると、エアコンが92％、ブラウン管テレビが72％、液晶・プラズマテレビが85％、冷蔵庫・冷凍庫が81％、洗濯機・衣類乾燥機が92％となっている（経済産業省・環境省 2022）。こうした廃家電リサイクルの促進は一般廃棄物全体のリサイクル率の向上をもたらし、最終処分量の減少や最終処分場の残余年数増加にも一定程度貢献したと考えられる。

一方で家電リサイクル制度には課題もある。一つは不法投棄等の問題だ。家電リサイクル法施行の直後と比べると、不法投棄される廃家電の台数は減少傾向にあるが、それでも毎年５万台強が不法投棄されている（経済産業省・環境省2022）。中でも不法投棄が最も多いのがテレビだが、これには家電4品目の中で最も持ち運びやすいということが影響していると考えられる。また、後払いという支払い方式も不法投棄の件数に影響しているのであろうか。この点について、前払い方式を採用する欧州の廃電気・電子機器指令（Directive on Waste Electrical and Electronic Equipment: 以下WEEE指令）の事例を参考に次項で考察する。もう一つは海外に輸出された場合の不適正な処理についての問題だ。一時期に比べると、リユースの名目で海外に輸出される廃家電の割合は減少しているが、現在でも一定台数が輸出されている。第3章4節で述べたように、廃家電には有用性（資源性）もあるため、必ずしも輸出そのものが悪い訳ではない。しかし過去には、中国等で日本を含む先進国から輸入した廃家電や電子機器の解体が不衛生な環境で行われ、周辺に環境汚染をもたらしていた実態が問題視された（小島2018）。家電リサイクル法は基本的に国内でのリサイクルを前提としているが、こうした廃家電のフローに関する実態把握、そして問題が発覚した場合の適切な対応が求められる。

欧州の廃電気・電子機器指令と日本の課題

ＥＵのＷＥＥＥ指令は２００３年に発効し、２０１２年に改正されている。同指令はＥＵ加盟国及び生産者に対し、廃電気・電子機器の回収・処理(リサイクル)システムの構築と費用負担を義務付けている。日本の家電リサイクル法と異なり、いわゆる小型家電を含む多様な電気・電子機器を対象としているのが特徴である。そして、もう一つの特徴が電気・電子機器回収時には消費者から費用を徴収せずに、回収・処理にかかる資金調達を行うことを求めている点だ。そのため生産者は製品価格にリサイクル料金を転嫁することで、消費者から回収・処理に必要な費用を徴収している。このように廃棄時に消費者の費用負担が発生しないEUでは、家電の回収率は高く、不法投棄は少ないのだろうか。

ＥＵの廃電気・電子機器の回収率は２０２０年時点の平均で45・9%であった(Eurostat 2022)。WEEE指令は小型家電も含む幅広い電気・電子機器を対象にしているので、家電4品目のみを対象とした日本と単純な比較はできないが、前払い方式を採用しているEUと比べ、後払い方式をとる日本の回収率が低いということはなさそうである。またEUで、WEEE指令に沿った正規ルートで処理される廃電気・電子機器は発生量の3分の1程度しかないという報告もあり、非正規ルートで処理される廃棄物の一部は不法投棄されたり、EU圏外へ輸出されたりもしている(Huisman et al. 2015)。

こうしたEUの状況も照らし合わせると、不適正処理抑制の観点で前払いが後払いよりも優れているとは必ずしも言えないようだ。支払い方式の変更には相応のコストもかかることから、現状では後払いから前払いに変更することの純便益（便益から費用を差し引いた値）は乏しいと考えられる。

一方、一つの法的枠組みで幅広い電気・電子機器を対象に製品の回収・再資源化を行うＥＵの方式は、リサイクル料金を徴収する家電の対象を４品目に限定している日本とは対照的だ。日本では、家電４品目以外の小型の電気・電子機器（電子レンジ・炊飯器・パソコン・プリンター・電話機・携帯電話・ゲーム機・カメラ等28品目）*については、２０１３年に施行した小型家電リサイクル法（正式名称：使用済小型電子機器等の再資源化の促進に関する法律）に基づいて、資源を回収し、再資源化を図っている。同法律では、家電リサイクル法のように各関係者の役割を義務化するのではなく、製造業者・小売業者・市町村等の関係者が協力して自発的に回収方法やリサイクル手法を工夫し、それぞれの実情に合わせた形でリサイクルを促進する形となっている（大塚 2020）。製品の回収には大きく、市町村による回収と、小売店等事業者による回収の二つのルートがある。いずれのルートで回収されたものも中間処理施設を経て、最終的には金属製錬工場等で再資源化される。家電リサイクル制度と異なり、ＥＰＲは適用されていない。この背景には、家電の製造工場の多くがすでに海外に移転しており、国内の家電メーカーに再生資源の利用を義務付けるのは、再生資源の限られた国内需要を踏まえれば適切ではないといった判断が影響したと考えられる(大塚 2020)。また、消費者(排出者)も収集運搬費用やリサイクル料金を負担する必要はない。この理由としては、対象とされる小型家電には有用金属が多く含まれており、ある程度広域で回収すれば採算性が確保される見込みがあるためと考えられる。

＊このうちパソコンについては、小型家電リサイクル法施行前の２００１年より資源有効利用促進法の下で、製造業者等による自主回収が先に行われていた。そして本章１節で紹介したように、家庭用パソコンについては前払いの処理料金制度が採用されている。

日本では、小型家電リサイクル法の施行後、小型家電の回収量は徐々に増加し、２０１８年度と２０２０年度に10万トン超を達成したが、２０２３年度までに14万トン回収という目標にはまだ遠い(環境省環境再生・資源循環局総務課リサイクル推進室 2022)。また、２０２０年度に再資源化された金属の重量は約５・２万トンであり、同年度に家電４品目の一つであるエアコンの再資源化で回収された金属類の回収量(約11・６万トン)の半分弱にとどまる。今後、循環経済への移行に向け、より積極的に小型家電の資源回収を行うためには、ＥＵのようにＥＰＲを組み込んだ制度への移行も検討に値する。

東京財団政策研究所主席研究員の平沼光氏は日本と欧州のEPRの違いを次のように指摘している。「日本では個別の生産者が拡大生産者責任を負う生産者主導型の拡大生産者責任であるのに対し、欧州のサーキュラーエコノミーではリサイクル業者がリサイクル業を一手に担い、リサイクル業者の活動にすべての分野の生産者が協力・支援するリサイクル主導型の拡大生産者責任となっている」(平沼 2021, p. 268)。こうした日欧での違いの背景には、日本のリサイクル業者の多くが欧州に比べると小規模で、イニシアティブをとるには資金や資源が不足していることも影響していると考えられる。第2章4節で述べた、不法投棄対策のための廃棄物処理業の構造改革とも関連するが、動脈産業との連携を促すためには、リサイクル業者を中心とした静脈産業の発展が不可欠だ。第2章6節でも述べたように、具体的には回収した廃棄物を動脈産業のニーズに合わせて素材や資源に再生する技術が必要であり、一定規模以上の資金や資源を有するリサイクル業者の育成が求められる。

第6章
食品廃棄物・食品ロス問題
循環経済の重点分野①

生ごみから発電する設備（新潟県内の一般廃棄物処理施設にて）

1　食品廃棄物のリサイクル

食品廃棄物とは

循環経済を進めるべき重点分野の一つとされているのが、食品廃棄物・食品ロスである。日本国内で定義される食品廃棄物とは、食品の売れ残りや食べ残し、食品の製造過程において発生する廃棄物のことで、魚の骨や卵の殻などの食べられない部分(非可食部)を含む。食品廃棄物は国内で年間推計２４０２万トン発生している(２０２１年度、農林水産省 2023b)。本章２節以降で取り上げる食品ロス(食べられるのに捨てられる可食部分の廃棄物)は食品廃棄物の一部である。世界全体では、収穫・製造から小売・消費までのサプライチェーン全体で発生する廃棄食品(次節で述べるように食品廃棄物の定義が海外と国内で異なるため、ここではこのように表記する)の量は年間約25億トンに及ぶと推定されている。これは食料生産量の最大約4割に相当する(WWF 2021)。無駄になった食品の生産から廃棄までに投入されたエネルギーや排出された温室効果ガスの問題、そして増加する世界人口を支える食料不足が懸念される中で、食品廃棄物の削減は国際的な課題でもある。

表6-1に示すように、国内における食品廃棄物の発生源は食品産業と家庭で、およそ2対1の比率となっている。食品産業から排出される食品廃棄物のうち量が最も多いのは食品製造業だ。

表6-1　国内の食品廃棄物量の内訳(2021年度推計値)

単位：万トン

		食品廃棄物	うち食品ロス
食品産業から排出		1670	279
(内訳)	食品製造業	(1386)	(125)
	食品卸売業	(22)	(13)
	食品小売業	(114)	(62)
	外食産業	(148)	(80)
家庭から排出		732	244

出典：農林水産省(2023b)より筆者作成

食品リサイクル法

食品廃棄物の発生抑制とリサイクルを促進するために、2000年に食品リサイクル法(正式名称：食品循環資源の再生利用等の促進に関する法律)が制定され、2001年に施行された。この法律の目的について第一条で次のように書かれている。

食品循環資源の再生利用及び熱回収並びに食品廃棄物等の発生の抑制及び減量に関し基本的な事項を定めるとともに、食品関連事業者による食品循環資源の再生利用を促進するための措置を講ずることにより、食品に係る資源の有効な利用の確保及び食品に係る廃棄物の排出の抑制を図るとともに、食品の製造等の事業の健全な発展を促進し、もって生活環境の保全及び国民経済の健全な発展に寄与することを目的とする。

ここで「食品循環資源」とは食品廃棄物等のうち有用なものを指し、具体的には飼料・肥料等の原材料などになるものが想定されている。第一条で述べられているように、食品廃棄物の再生利用等という場合、リサイクル(再生利用・熱回収)に加え、発生抑制と減量(乾燥・脱水・発酵・炭化)が含まれる。これは水分を多く含んだ食品廃棄物の特性を踏まえたものである。そして食品リサイクル法に基づく基本方針では、①発生抑制、②再生利用(特に飼料化を優先)、③熱回収、④減量の優先順位が提示されている。

同法律では再生利用等を促進するための措置として、二つの制度が組み込まれている。一つが食品循環資源の肥飼料化等を行う事業者についての登録再生利用事業者制度だ。食品廃棄物の排出事業者にこの登録を受けた処理業者を積極的に利用させることで、再生利用を促進する狙いがある。一方、登録を受けた再生利用事業者は廃棄物処理法や肥料取締法・飼料安全法の特例措置を受けられる。具体的には、登録事業者の事業所に廃棄物を持ち込む場合、荷卸し地の一般廃棄物収集運搬業の許可が不要になり、肥料や飼料の製造・販売の届出も不要になる。

もう一つが「食品リサイクル・ループ」と呼ばれる再生利用事業計画の認定制度だ。これは食品関連事業者、肥料や飼料の製造業者、農林漁業者等の三者が共同して、食品関連事業者が排出した食品廃棄物由来の肥料・飼料により生産された農畜水産物等を食品関連事業者が引き取るまでの再生利用事業計画を作成し、認定を受ける仕組みである。例えば、スーパーやコンビニが排出した食品循環資源物を飼料化し、それを活用して生産した野菜・肉・卵などを同じ系列の店舗に出荷している事例などがある。食品廃棄物の有効活用のためには、異業種間の連携が不可欠であり、より多くの関係事業者がこの制度を活用することが期待される。一方、認定を受けた事業者は先述の登録制度と同様、廃棄物処理法や肥料取締法・飼料安全法の特例が認められ、認定を受けるインセンティブが付与されている。

食品リサイクルの現状と課題

表6-2は食品産業における再生利用等実施率を、食品リサイクル法施行時の2001年度と2021年度の実績、そして2024年度目標で比較したものである。

表6-2に示すように、食品リサイクル法の施行後、食品産業における再生利用等の実施率

表6-2　再生利用等の実施率と目標

	2001年度実績*	2021年度実績	2024年度目標
食品産業全体	38%	87%	なし
食品製造業	63%	96%	95%
食品卸売業	33%	70%	75%
食品小売業	24%	55%	60%
外食産業	15%	35%	50%

出典：*は農林水産省大臣官房統計部の平成15年食品循環資源の再生利用等実態調査より，食品リサイクル法で規定している用途以外の再生利用への仕向量を除いて筆者が推計した値．それ以外は農林水産省(2023a)より筆者作成

は産業全体、業種別ともに上昇している。特に食品製造業は、同法律に基づいて2019年7月に公表された2024年度の目標値を2021年度実績ですでに達成している。一方で、外食産業のように実績が目標と比べ、大きく下回る業種もある。一般に、食品流通の上流(生産・製造に近い側)から下流(消費に近い側)に至るにつれて分別が難しくなる。これは、食品の製造現場では毎日大量の食品廃棄物が排出されるが、種類がある程度限られるのに対し、外食産業等では少量ながらも多様な食品廃棄物が排出されるためだ。したがって、目標も産業区分ごとに設定されている。

法施行後20年以上が経過し、一定の成果を上げてきた食品リサイクルであるが、残された課題は何だろうか。一つ目は、年間発生量が100万トンを超えながらも、再生利用等実施率の低い、食品小売業と外食産業における再生利用等の促進である。このためには先述の登録再生利用事業者制度や食品

リサイクル・ループ等を活用した事業者間の連携が求められるが、特に後者の認定数は全国で51(2021年10月末時点)にとどまる。二つ目の課題は、焼却処理と再生処理等を行った場合の処理料金の差である。これまで小売や外食産業から発生する事業系一般廃棄物の多くは、自治体の焼却処理施設等に持ち込まれてきた。こうした焼却処理施設に搬入する場合の料金は民間業者がリサイクルする場合の料金と比べて、安く設定されているケースが多い。そうなると、排出事業者が再生利用等を行うインセンティブは弱まる。実際、食品リサイクルを所轄している農林水産省・環境省(2013)でも搬入料金の安い自治体では登録再生利用事業者数が少ない傾向にあると分析しており、市町村に対して事業系一般廃棄物の搬入料金の適正化を促している。三つ目の課題は、リサイクルを偽装した不適正処理の未然防止である。2016年に発覚した、外食店で廃棄された冷凍カツを食品スーパーに横流しし、再販売していた事件(ダイコー事件)では、農林水産省の認定を受けた登録再生利用事業者が関わっていた。冷凍カツを廃棄した事業者はそれが飼料等として再生利用されると想定していたが、実際にはスーパーで再販売されていた。この事件後、排出事業者は事業系一般廃棄物でかつ再生利用ルートの場合でも、産廃同様、処理の現場を定期的に視察するなど、排出事業者責任がより強く求められるようになっている。

以上、食品リサイクルの三つの課題のうち一つ目と三つ目の課題に共通しているのは、いずれの課題も生産・消費・処理(廃棄)のそれぞれの現場の連携不足が関係しているということだ。第5章4節の電気・電子機器の所でも述べたように、食品リサイクルを進める上でも、需要先のニーズに応じた資源化技術とそうした技術を持ったリサイクル業者の育成が、循環経済における鍵となることを示唆している。

2　食品ロスの削減

食品ロスとは

食品ロスとは、食品廃棄物のうちまだ食べられるにもかかわらず、売れ残りや販売期限切れ、賞味期限切れ、食べ残しなどによって捨てられる食品のことを指す。ただし、これは国内の定義であり、国際的な定義はやや異なる。例えば、国連食糧農業機関(FAO 2019)が定義する「フードロス(food loss)」は、収穫から製造・加工・包装までの各過程で発生する食品の量や質の低下を指し、小売・消費の各段階で発生する「フードウェイスト(food waste)」とは区別されている。一方EUでは、食べられるかどうかは文化的背景や個人の価値観に依存し、客観的な判断が困難なため、可食・非可食の区別はされない（渡辺 2020）。以下では日本国内の食品ロスに注目するため、国内で定義されている食品ロスを対象とする。

国内での食品ロスの発生量は近年減少傾向にあるが、それでも年間５２３万トンに及ぶ（２０２１年度、農林水産省 2023b）。表６-１に示したように、食品産業から（事業系）の排出量が家庭からの排出量をやや上回る。食品産業と家庭両方の食品ロスの発生量を一人一日あたりで換算すると１１４グラムで、お茶碗１杯分に近い量になる（２０２１年度、農林水産省 2023b）。食品ロスの発生は単純に「もったいない」ことであるが、食品のサプライチェーンを考慮すると、具体的には以下のような問題点がある。第一に、生産・流通・販売の各段階で投入された資源・エネルギーや、排出された環境負荷が無駄になる。第二に、食品ロスの廃棄にも資源・エネルギーの投入や環境負荷が発生する。第三に、それらは経済的な損失になる。

食品ロスはどのような状況で発生するのだろうか。環境省（2022）によると、家庭系の食品ロスで最も多いのが食べ残し（44％）であり、次に直接廃棄（40％）、過剰除去（16％）の順となっている（括弧内は２０２０年度までの過去3年間の平均比率を筆者が計算）。先述のとおり、家庭からの食品ロスの発生量は減少傾向にあるが、その要因は過剰除去の減少によるところが大きく、食べ残しや直接廃棄はあまり減っていない（環境省 2022）。

一方、三菱UFJリサーチ&コンサルティング(2021)によると、食品産業から排出される食品ロスでは、業種別比率の多い順に食品製造業(39%)、外食産業(36%)、食品小売業(20%)、食品卸売業(5%)となっている(2018年度)。製造業で最も多いのは製造・加工・調理でのロス、次に発酵残さや抽出残さである。外食産業で最も多いのは客の食べ残しである。小売業で最も多いのは販売期限切れの商品、次に売れ残りの商品、卸売業で最も多いのは納品期限の切れた商品、次に返品・不良品である。

食品ロス削減の目標と課題

国連のSDGsの目標12・3では、2030年までに小売・消費レベルでの一人あたりの廃棄食品(FAO 2019の定義での食品廃棄物)を世界全体で半減させ、生産・サプライチェーンにおけるフードロス(FAO 2019の定義での食品ロス)を減少させることを掲げている。国内では、第4次循環型社会形成推進基本計画の下で、家庭系食品ロスを2030年度に2000年度(433万トン)から半減させる目標を立てている。表6-1のとおり、2021年度時点で244万トンまで削減したが、目標達成までさらに11%程度の削減が必要だ。また、食品産業から排出される食品ロスについては食品リサイクル法の基本方針の下で、2030年度に2000

0年度(547万トン)から半減させる目標がある。こちらは、2021年度時点で279万トンまで削減しており、あと2%程で目標を達成する。

こうした中、2019年5月に食品ロス削減推進法(正式名称:食品ロスの削減の推進に関する法律)が公布され、同年10月に施行された。同法律の前文では食品ロスの問題を、「世界には栄養不足の状態にある人々が多数存在する中で、とりわけ、大量の食料を輸入し、食料の多くを輸入に依存している我が国として、真摯に取り組むべき課題」として捉えている。そして、食品ロスを削減していくための基本的な視点として次の2点を明記している。①国民各層がそれぞれの立場において主体的にこの課題に取り組み、社会全体として対応していくよう、食べ物を無駄にしない意識の醸成とその定着を図っていくこと。②まだ食べることができる食品については、廃棄することなく、できるだけ食品として活用するようにしていくこと。このように同法律では、食品ロスの発生に関わる多様な主体が連携し、「食品ロス削減国民運動」として食品ロスの削減を推進することを定めている。しかし、消費者や事業者に食品ロス削減の経済的インセンティブはなく、この国民運動にどの程度の削減効果があるかは不明である。

3　食品ロス削減に向けた取り組みと課題

「3分の1ルール」の見直し

食品ロスの増加を助長する一因として、見直されているのが「3分の1ルール」と呼ばれる食品流通・小売業界の商慣行だ。これは、製造日から賞味期限までの期間の3分の1が過ぎる前に、食品製造業者や卸売業者が食品を小売業者に納品し、賞味期間が残り3分の1を切ると製造業者に返品する業者間の慣行である。賞味期限がある程度確保された食品を消費者に提供するために生まれた慣行で、卸売業者・小売業者・消費者が食品の製造から賞味期限までの期間を三等分するという考え方に基づく。ちなみに、他の先進国の納品期限は日本より長く、アメリカでは2分の1、欧州では3分の2というところが多い（農林水産省食料産業局バイオマス循環資源課食品産業環境対策室 2014）。

食品・流通業界と経済産業省・農林水産省は2013年8月から半年間、菓子と飲料の小売業者への納入期限を賞味期限の2分の1まで伸ばす実証実験を実施した。実験の結果、菓子と飲料合わせて約4万トン、金額にして約87億円相当の食品ロスを削減する効果があった（農林水産省食料産業局バイオマス循環資源課食品産業環境対策室 2014）。また食品ロスの削減だけでなく、在庫管理の効率化や物流コストの削減にもつながることが確認された。こうした成果もあり、近年はスーパーや生協、コンビニ等の小売業者で納品期限を緩和したり、菓子や飲料メーカー、レトルト等の加工食品メーカーで賞味期限を年月日表示から年月表示へと大括り化したりする事業者も増えている。さらに、より長い期間、鮮度を保持できるよう容器の構造や包装袋を工夫することで、賞味期限を延長する動きも見られる。

フードバンク活動

食品ロス削減推進法でも支援すべき活動として注目されているのが、食品関連企業や個人から未利用食品等まだ食べられる食品の提供を受けて、生活困窮者や福祉施設に届けるフードバンクの取り組みである。2000年頃から国内での活動が始まり、フードバンク活動を行う団体は年々増加し、2022年10月末時点で全国に215の団体が活動している（農林水産省2022）。また、家庭で余った食品を学校や職場等に持ち寄り、直接またはフードバンクを通じて、子ども食堂や福祉施設に無償で届ける活動をフードドライブと呼ぶ。食品ロス問題への関心の高まりや、コロナ禍での生活困窮者の増加を受け、フードバンクやフードドライブのニーズは高まっている。そのため食品取扱量の拡大を目指しているフードバンク団体が多い。

一方、フードバンク活動の運営には課題もある。流通経済研究所（2020）が指摘した課題のうち、特に①活動資金と人手の不足、②提供食品の不足やミスマッチ、③社会的認知度や理解度の低さの三つに注目する。

①は最も多くの団体が指摘した課題であり、活動に必要な運営資金（食品倉庫の賃貸料、光熱費、ガソリン代など）を継続的かつ安定的に確保することが大きな課題となっている。筆者がヒアリング調査を行った滋賀県内の団体では、保管庫については市から提供を受け、光熱費も市が負担していたが、食品の引取りと提供の際の移動に伴うガソリン代が大きな負担になっているとのことだった。同団体では企業や個人からの寄付や自治体からの助成金によって、それらの費用を賄っているが、いずれも継続的な支援が保証されたものではないとのことであった。一方、流通経済研究所（2020）によると、フードバンク団体のうち、スタッフの総数が10人以下の団体が半数以上を占め、常勤や有給スタッフがいない団体も半数程に及ぶ。食品取扱量の拡大を実現するためには、スタッフの拡充が不可欠である。

②は要望される食品と提供される食品のミスマッチ等の問題である。せっかく提供を受けた食品も余って賞味期限を過ぎれば、結局廃棄されてしまう。したがって、フードバンクとしては賞味期限にある程度余裕のある食品を受け入れざるを得ない。また、提供側である食品企業

と受け入れ側であるフードバンク団体の間、そして近隣で活動するフードバンク団体間の情報共有や連携が不足していては、食品企業等から融通される可能性のある食品の廃棄や、フードバンクにある在庫食品の賞味期限切れによる廃棄などが起こりかねない。こうした事態にならないように、各事業者や団体間で情報が共有できるプラットフォームを構築・活用するなどして、日頃から双方の連携を図ることが重要だ。

③については消費者庁消費者教育推進課食品ロス削減推進室（2022）によると、「フードバンク活動もフードドライブ活動も知らなかった」という人の割合が51・4％で、認知度の向上は依然として課題である。

フードシェアリング

最近では、廃棄されそうな食品を、インターネットやスマートフォンのアプリを通じて購入希望者とマッチングさせることで、食品ロスを削減しようというフードシェアリングの取り組みも増えてきている。例えば株式会社コークッキングは、弁当・惣菜店やパン屋、飲食店等でまだ食べられるのに閉店までに売り切るのが難しく、廃棄されそうな食品や食事を、アプリを通じてユーザーとマッチングする「ＴＡＢＥＴＥ」と呼ばれるフードシェアリングを運営している。同社のツイッターによると、2023年1月時点での登録ユーザー数は68万人、登録店舗数は2500店舗となっている。また株式会社クラダシは、賞味期限が迫った商品やパッケージの印字ミス・汚れ・少しの傷といった規格外であることを理由に廃棄される商品を、インターネットを通じて安く消費者に提供するサービスを行っている。商品の購入と同時に、購入金額の一部が社会貢献団体へ寄付されるのも同サービスの特徴であり、最近では食品ロス削減を目指す全国の自治体との連携も進めている。

今後の課題

ここでは、食品ロス削減のために事業者や民間の団体が取り組んでいる事例として、3分の1ルールの見直し・フードバンク活動・フードシェアリングの三つを取り上げた。いずれの取り組みも徐々に社会に浸透しつつあるが、それぞれに課題もある。3分の1ルールの見直しは、そもそも食品ロスが極力出ないようにするための取り組みである。食品の安全性に配慮しながらも、こうした取り組みをより多くの事業者や商品に広げることが課題である。その上で、発生した食品ロスを廃棄することなく、必要としている人に届けるのがフードバンク活動やフードシェアリングの取り組みである。ここでのポイントは、こうした活動の認知度を向上させつつつ、関係者が情報共有できるプラットフォームの構築・拡充等により、需要と供給のマッチングをいかに円滑に行うかである。シェアリング全般の動向については第8章2節で取り上げるが、フードシェアリングに限らず、近年はインターネットやスマートフォンのアプリを通じて、様々なサービスの供給者と潜在的な需要者をマッチングさせるシェアリングの取り組みが増加傾向にある。今後は食品ロスの発生を抑制しながらも、フードシェアリングのような取り組みをより多くの事業者に広げることが課題である。

第7章
プラスチック問題
循環経済の重点分野②

リサイクルのために圧縮されたプラスチック製容器包装廃棄物(岩手県内の一般廃棄物処理施設にて)

1　プラスチックの何が問題か

国際的なプラスチック問題

循環経済を進めるべきもう一つの重点分野として挙げられるのがプラスチック、特に使い捨てのプラスチックだ。軽くて丈夫で様々な形に成形可能なプラスチックは、私たちの身の回りの至るところで用いられている。OECD（2022）によると、世界全体でのプラスチックの生産量は2000年に2億3400万トンだったのが、2019年に4億6000万トンと倍増している。そのうち廃プラスチックとして排出されるのは、2000年に1億5600万トンだったのが、2019年に3億5300万トンとなり、生産の伸び率以上に増加している。国連環境計画によると、プラスチックごみの約半分は容器や包装用のプラスチックだ（UNEP 2018）。世界全体で排出されるプラスチックごみのうち、リサイクルされているのはわずか9％程度で、19％が焼却処理、50％が埋立処分場で処理されている（OECD 2022）。残りの22％は空き地をごみ捨て場のようにして投棄（いわゆるオープンダンプ）されるか、道端や河川・海・湖沼等にポイ捨てされるなどして、適正に処理されていないと推測される。

プラスチックは石油を原料とした合成樹脂で、世界経済フォーラムによると、2050年には世界全体で消費される原油の20％がプラスチック生産に使用されると見込まれている(World Economic Forum 2016)。またプラスチック生産と焼却による二酸化炭素排出量は、産業革命以前と比べ2度未満の気温上昇に抑えるために許容される排出量の15％を占めると予測されている。さらに同フォーラムによると、年間800万トンのプラスチックが海に流出しており、1億5000万トン以上が海に蓄積していると推計されている。何の対策も取らなければ、2050年には4倍の流出量となり、海洋プラスチックごみは魚の量を上回るとも予測され、海洋生態系への悪影響が懸念されている。プラスチックは自然分解されにくいという特徴があり、海洋プラスチックごみが自然分解されるのにかかる年数は、例えばレジ袋で最長20年、PETボトルで450年、釣り糸に至っては600年と言われる(Ocean Conservancy 2010)。また、特に5㎜以下の微細なプラスチック粒子はマイクロプラスチックと呼ばれ、目に見えにくいところまで影響が広がっている(磯辺 2020)。マイクロプラスチックには、大きなサイズで製造されたプラスチックが自然環境中で破砕・細分化・微粒子化されたものと、洗顔料・歯磨き粉等の研磨剤などに利用されているマイクロビーズ等がある。後者は排水溝等を通じて自然環境中に流出する。

こうした状況を受け、２０２２年11月にプラスチック汚染に関する法的拘束力のある国際文書の策定に向けた政府間交渉委員会の第１回会合が開催され、約１５０カ国以上の国連加盟国、関係国際機関、ＮＧＯ等が参加した。同委員会は２０２４年末までに交渉を終え、条約の制定を目指している。

国内におけるプラスチックの排出・処理状況

日本で排出されるプラスチックの量は近年減少傾向にあるが、それでも年間８２４万トンが排出されている(２０２１年度時点、プラスチック循環利用協会 2023)。その半分近くが容器・包装等と、収納などに用いられるコンテナ類である。ＵＮＥＰ(2018)によると、日本の一人あたりプラスチック製容器包装廃棄物の排出量はアメリカに次ぎ世界2位であるが、廃プラスチックの87％は有効活用されている(２０２１年度時点、プラスチック循環利用協会 2023、以下も同様)。しかし、素材としての再生利用(マテリアルリサイクル)の比率は21％程度にとどまり、大部分(約62％)は熱利用や発電などのサーマルリサイクル(熱回収)である。第5章2節でも述べたように、欧米では熱回収はリサイクルとはみなされず、優先順位も低い。今後プラスチックの資源循環を促進する上では、マテリアルリサイクルやケミカルリサイクルを拡大しつつ、リサイクルコストを抑制することが求められる。一方、熱回収されることもなく、焼却や埋立処分されている廃プラスチックも１０７万トン（排出量の13％近く）あることに注意が必要だ。

2　プラスチック削減・資源循環に向けた取り組み

プラスチック資源循環戦略

２０１８年11月に環境省の中央環境審議会循環型社会部会の小委員会は「プラスチック資源循環戦略案」を了承し、２０１９年５月には「プラスチック資源循環戦略」が発表された。こうした一連の動きは、２０１９年６月に大阪で開催されたＧ20の主要議題の一つにプラスチック問題が提起されることを踏まえたものだ。Ｇ20で日本政府は、２０５０年までに海洋プラスチックごみによる追加的な汚染をゼロにすることを目指す「大阪ブルー・オーシャン・ビジョン」を提案し、各国首脳間で共有された。

プラスチック資源循環戦略の基本原則として、「３R＋Renewable」が掲げられている。これはプラスチック製容器包装やプラスチック製品の３Ｒの徹底に加え、紙や植物原料等を用いた再生可能資源への代替促進を目指している。重点戦略として、①資源循環、②海洋プラスチック対策、③国際展開、④基盤整備の四つを提示した。①にはリデュース等の徹底が含まれ、レジ袋有料化の義務化がプラスチック削減策として位置づけられた。②では、プラスチックごみの流出による海洋汚染が生じない状態を目指し、清掃活動を含めた陸域での廃棄物の適正処理、マイクロプラスチック流出抑制対策、海洋ごみの回収処理等の取り組みを推進することが示された。③では、途上国での海洋プラスチック発生抑制等の対策への支援や、地球規模でのモニタリングや研究ネットワークの構築推進が示された。④では、①から③の取り組みを横断的に進めるための基盤として、持続可能なリサイクルシステムの構築、資源循環産業の振興、関連する技術開発や調査研究の推進、関係主体間の連携強化等が示された。

また同戦略では次の六つの目標が設定された。①使い捨てプラスチック排出量を2030年までに25%削減する。②2025年までにプラスチック製容器包装と製品をリユースまたはリサイクル可能な設計にする。③2030年までにプラスチック製容器包装の6割をリユースまたはリサイクルする。④2035年までに使用済みプラスチックを100%リユース・リサイクル等(熱回収含む)により有効利用する。⑤2030年までにプラスチックの再生利用を倍増する。⑥2030年までにバイオマスプラスチックを最大限(約200万トン)導入する。ここでバイオマスプラスチックとは、再生可能な植物由来のバイオマス資源を原料として、化学的または生物学的な合成により得られるプラスチックのことだ。植物由来の資源を原料としているため、燃やして発生した二酸化炭素の排出は相殺される計算になるが、１００％バイオマス由来でなければ炭素排出ゼロ（カーボンフリー）にはならない。

レジ袋有料化の背景と効果

使い捨てプラスチックの象徴とも言えるのが、スーパーやコンビニ等での買い物の際、以前は無料で提供されていたレジ袋だ。国内におけるレジ袋の年間使用枚数は、レジ袋有料化前の推計で約４０５億枚ないし４５０億枚とも言われた（浅利ほか 2008、舟木 2006）。国民一人一日あたり一枚程度を使用していた計算になる。使い捨てプラスチックの中でもレジ袋は特に風に飛ばされやすくごみになりやすいという点や、焼却した場合、材質によってはプラスチックに含まれる安定剤・着色剤等の影響で有害物質を排出する恐れがあるといった問題点がある。

こうした問題を受けて、大手スーパーや生協の中には早くから自主的にレジ袋を有料化してきたところもある。例えば、イオンでは２００７年から一部店舗でレジ袋有料化を開始し、小サイズ１枚３円、大サイズ１枚５円でバイオマス素材のレジ袋を販売してきた。また、東京都杉並区のようにレジ袋税の導入を目指した自治体もある。杉並区は法定外目的税としてレジ袋税(すぎなみ環境目的税)の導入構想を2000年9月に発表した。しかし当時は、コンビニチェーン等の理解を得られず、最終的に税の導入は断念し、代わりにレジ袋有料化の取り組みを推進する条例を2008年4月に施行した。

その後、日本ではレジ袋有料化の動きは停滞していたが、2010年代後半になり、プラスチック問題が国際的に注目される中で、再びレジ袋をめぐる議論が活発化した。そして先述のとおり、2018年11月に了承されたプラスチック資源循環戦略案にレジ袋有料化の義務化が盛り込まれた。

プラスチック資源循環戦略の発表後、2020年7月からレジ袋の有料化が始まった。これは、容器包装を利用する事業者で小売業に属する事業者(スーパーやコンビニ、ホームセンター、ドラッグストア、百貨店等)を指定容器包装利用事業者として、プラスチック製買物袋を有償で提供することを義務付けたもので、容器包装リサイクル法の関係省令の改正により対応された。対象となる買物袋は、「消費者が購入した商品を持ち運ぶために用いる、持ち手の付いたプラスチック製の買物袋」である。なお、スーパーのサッカー台(購入した商品を袋に詰めるための台)やバラ売り野菜の売り場等に設置されている透明のポリ袋は対象外となるため、これらは多くのスーパーで今でも無料で提供されている。また、①プラスチックのフィルムの厚さが50マイクロメートル（0・05㎜）以上でその旨が表示されているもの、②海洋生分解性プラスチックの配合率が100％でその旨が表示されているもの、③バイオマス素材の配合率が25％以上でその旨が表示されているものも、有料化の対象外となっている。有料化の金額は事業者に委ねられるが、経済産業省によると、1枚1円未満になるような価格設定は有料化に当たらないとされている。

では、レジ袋有料化の効果はどの程度あるのだろうか。環境省では一週間レジ袋を使わない人の割合を有料化前の3割から6割にすることを目標としていた。しかし実際には、目標を上回る72％近くに達した（環境省ウェブサイトｆ）。環境省が業界団体に行ったヒアリング（環境省ウェブサイトｆ）によると、レジ袋をもらわない人の割合（辞退率）がコンビニでは有料化前の23％から75％に、スーパーでは57％から80％に上昇した。またドラッグストアでのレジ袋使用枚数は、有料化前の約33億枚から約5億枚に84％程減少した。さらに、レジ袋の国内消費量は有料化前の約20万トンから半減した。一方、ごみ袋用のポリ袋の消費量が増加しているという情報もあるが（朝日新聞デジタル 2020）、そうした影響を考慮しても有料化後、プラスチック製袋が大幅に削減されていると考えられる。

筆者はレジ袋有料化を経済的インセンティブの一つとして捉えているが、行動経済学の分野で注目されている「ナッジ」の一種とみなす考え方もある(大竹2022)。ナッジ(nudge)とは「注意を引くために肘で人を軽く押す」という英語の意味に由来し、選択を禁じたり、経済的インセンティブを大きく変えたりすることなく、人々の行動を予測可能な範囲で変えることを意味する。レジ袋有料化がナッジに当てはまる理由として、大阪大学特任教授の大竹文雄氏は「レジ袋あり」から「レジ袋なし」にデフォルト(初期設定)が変わったことと、袋代の安さを挙げている(大竹2022)。いずれにしろ、一袋3円や5円程度の有料化によって、多くの人々が買い物袋を持参するようになり、私たちの行動を変容させた効果は大きい。

レジ袋税や有料化が先行して実施されていた海外でも、レジ袋の削減効果が確認されている。例えば、アイルランドでは2002年からレジ袋税(1枚15ユーロセント、のちに22ユーロセント)の導入後1年で、9割以上のレジ袋が削減された。レジ袋税導入にかかった費用は税収の3%程度で、費用対効果の高い環境税として紹介されている(Convery et al. 2007)。またUNEP(2018)によると、ベルギーやポルトガルなどでも課徴金や税の導入後7割以上のレジ袋が削減されている。なおレジ袋有料化の場合、レジ袋の販売収入から購入費用を引いた分は事業者の利益となるが、税として導入した場合、国や自治体の税収になり、環境対策や他の行政サービスに充てられる。

レジ袋の使用・配布禁止

プラスチック製レジ袋については使用そのものを禁止する国もある。例えば欧州では、イタリアが生分解性プラスチックを除き、フランスがそれも含みすべてのプラスチック製レジ袋の配布を禁止している。また中国、インド、バングラデシュ、ブータンといったアジアの国々や、カメルーン、コートジボワール、エチオピア、ケニアなどのアフリカ諸国でも、生分解性以外の一定の厚さまでのレジ袋の使用を禁止している国がある。

日本でもレジ袋の配布を禁止している自治体がある。それは京都府亀岡市である。同市では２０２１年１月に国内初のレジ袋提供禁止条例を施行し、市内の小売店に対し、プラスチックのレジ袋の提供を有償・無償問わず禁止している。市民の混乱を招かないように、生分解性プラスチック袋や紙袋の無償配布も禁止する徹底ぶりである。こうした背景には、川下りで有名な同市を流れる保津川のごみ問題と市民らによる清掃活動がある。同市は内陸に存在するが、保津川は京都市内で桂川と名前を変えて、淀川に合流し、大阪湾に流れている。川のごみ問題は海のごみ問題へとつながり、市民のプラスチックごみ問題への関心が醸成された(原田 2019)。２０１８年12月、同市は「かめおかプラスチックごみゼロ宣言」を発表し、上述のレジ袋提供禁止の条例化を盛り込んだ。

レジ袋以外の使い捨てプラスチック削減の取り組み

レジ袋に限らず、使い捨てプラスチック製容器包装や製品の製造・販売・使用を禁止する国も増加傾向にある。レジ袋以外に規制対象として挙げられているプラスチック製品は、ストロー・マドラーや、使い捨てが想定されているコップ・皿(生分解性のものを除く)などである。例えばフランスでは、2020年2月に施行された循環経済法によって、使い捨てプラスチック製容器包装や製品の販売と使用が段階的に禁止されている。具体的には、2020年以降プラスチックで作られた使い捨てのコップ・グラス・皿等が、2021年以降はストロー・ナイフ・フォーク類等が、2022年以降はティーバッグ、小売店での野菜・果物のプラスチック包装、ファストフード店でおまけとして無料で配布されるプラスチック製おもちゃなどの使用と販売が禁止されている(JETRO 2021)。こうした動きはアジアにも広がっており、例えば台湾では2020年から使い捨てプラスチック製品の規制を段階的に進め、2030年までに全面的に使用を禁止することを発表している(JETRO 2019)。こうした使い捨てプラスチック製容器包装や製品の使用を見直す動きは国や地域レベルだけでなく、グローバル展開する企業にも広がっている。

また、2021年よりEUでは加盟国に対し、リサイクルされないプラスチック製容器包装廃棄物の排出量に応じた拠出金(廃棄物1kgあたり0・8ユーロ)を課している。これは「プラスチック税(plastic levy)」と呼ばれ、元々イギリスが2020年末にEUを脱退した後の財源不足を補うために検討が始まったものだが、現在は新型コロナからの復興予算の財源にあてられている(川野 2021)。なお、加盟国が拠出金をどのように捻出するかは各国に委ねられている。

3　持続可能なプラスチック利用

レジ袋だけでないプラスチック問題

これまでプラスチックの問題点に注目し、国内外のプラスチック削減・循環利用の動向について見てきた。一方で、プラスチックには他の素材には代え難い利便性もある。ここでも第2章で取り上げた便益と費用をバランスよく捉える冷静な視点が必要となる。

レジ袋は使い捨てプラスチック問題の象徴的な存在ではあるが、問題の一部に過ぎない。というのも、国内で利用されるプラスチック製容器包装等・コンテナ類のうちレジ袋は5%程にとどまるからだ。[*] したがって、レジ袋以外の使い捨てプラスチックの削減や資源循環をいかに進めるかが課題である。

＊レジ袋の国内流通量約20万トンに対し（環境省ウェブサイトｆ）、容器包装等・コンテナ類の排出量は３９７万トンである（プラスチック循環利用協会 2021）。いずれも２０１９年の値。

第5章2節で述べたように、日本ではプラスチック製容器包装廃棄物のリサイクルについては容器包装リサイクル法の下で進めてきた。ＰＥＴボトルのリサイクルはかなり進展したが、その他のプラスチック製容器包装廃棄物のリサイクルは道半ばである。一方、容器包装以外のプラスチック製品については２０２２年4月に施行したプラスチック資源循環法（正式名称：プラスチックに係る資源循環の促進等に関する法律）で対応される。同法律では、プラスチック製品の設計から廃プラスチックの処理までに関わるあらゆる主体におけるプラスチック資源循環等の取り組み（３Ｒ＋Renewable）を促進する。具体的には、使い捨てスプーン・ストロー・おもちゃ・ハンガーなどのプラスチック製品が対象となる。ただし、この法律は前節で紹介した諸外国のように、プラスチックの販売を禁止したり、有料化したりすることを義務付けたものではなく、幅広い主体にプラスチックの３Ｒと再生可能な容器包装や製品への代替を促進するための努力義務を定めた緩い法律である。

それでも同法律の施行を受けて、一部の飲食店や宿泊事業者等では、これまで無料で提供してきた使い捨てプラスチック製品を削減したり、再生可能な素材に置き換えたりする取り組みが進みつつある。例えばスターバックスコーヒージャパンでは、ストローがなくても飲用可能な商品ではストローの提供を取りやめたり、ストローの必要な商品には国際的な森林認証（FSC認証）を取得した紙製ストローに切り替えたりしている。また店内飲食の場合、温かい飲料では基本的に使い捨て容器からマグカップでの提供に切り替えたのに加え、2023年3月末からは冷たい飲料についてもグラスでの提供に切り替えている。

プラスチック資源循環法では、市町村に対してプラスチック製容器包装とそれ以外のプラスチック製品を一括もしくは別々に分別収集するよう促している。確かに同じ種類のプラスチックであれば、容器包装かどうかにかかわらず、同じ資源ごみとして出せれば、住民にとってもわかりやすく便利だろう。市町村がプラスチック製品の分別収集を行う場合、①容器包装廃棄物と同様に、日本容器包装リサイクル協会に委託して、再商品化を行うルートと、②市町村が再商品化計画を作成し、国の認定を受けた同計画に基づいて再商品化事業者と連携して、再商品化を行うルートの2つが想定されている。しかし、容器包装廃棄物と異なり、プラスチック製品の場合、分別収集・選別保管に加え、再商品化に係る費用も市町村の負担となる。つまり、

第5章で取り上げた拡大生産者責任が適用されていない。したがって、市町村がプラスチック製品を分別収集し再商品化しても、それに係る費用以上の資源売却益が見込めない限り、市町村にとっては追加の負担となる。そのため、国からの特別交付税の措置はあるものの、現時点では市町村がプラスチック製品の分別収集を積極的に行うインセンティブは乏しい。

プラスチックの必要性と代替可能性

一方、プラスチックが常に悪者とは言えないことにも注意が必要だ。例えば近年、自動車の軽量化によって燃費の向上が図られているが、軽量化を可能にしているのは、鋼板からアルミやマグネシウム合金等への代替に加え、プラスチック素材(炭素繊維強化プラスチック)の利用拡大によるところが大きい。自動車へのプラスチック素材の利用拡大はモノの軽量化の一例に過ぎず、他にも様々な製品等の軽量化にプラスチックは貢献している。軽量化によって、運搬費用や消費燃料を軽減でき、二酸化炭素の排出削減にも寄与する。一方を良くしようとすると、別の何かが悪くなることを「トレードオフ」と言うが、この例では二酸化炭素の排出削減のために軽量化しようとして、プラスチックの使用量が増えるというトレードオフが発生している。

新型コロナウイルスの感染拡大以降、目にする機会が多くなった医療現場で感染対策として用いられている手袋や防護服などでも、使い捨てのプラスチック素材は衛生上欠かせない。また、断水で水が使えない災害の現場でも使い捨てプラスチックは重宝する。一方、漁業で用いられる漁網や釣り糸等はプラスチックによる海洋汚染の典型例となっている。また、農業で雑草除けや肥料等の流出防止で用いられるマルチシート(フィルム)は一般に産廃として処理されている。こうした使い捨てプラスチックについても、今後は可能な限り資源循環させることが求められるが、それが難しい場合には生分解性プラスチックに転換するのも一つの方法だ。これらのプラスチックが生分解性プラスチックに置き換われば、時間の経過とともにより早く自然に還り、汚染の防止や処理費用の節約にもつながる。課題は、生分解性プラスチックの製造費用の低減と品質の向上である。一般に生分解性プラスチックは従来のプラスチックに比べ価格が高い。また生分解性プラスチックがプラスチックとしての性能を発揮し、期待どおりのタイミングで分解するといった品質の確保は普及の前提となる。今後はプラスチックの必要性や代替可能性を考慮しながら、用途に応じて適切なプラスチックの利用を検討していくことが、持続可能なプラスチック利用のあり方と言えるだろう。

第8章
持続可能な循環経済に向けて

循環経済への移行を推し進める欧州委員会の本部(ブリュッセルにて)

1　循環経済に向けた多様なアプローチ

循環経済と脱炭素

本書ではこれまで、廃棄物の問題から循環経済のあり方や課題について考えてきた。その内容を要約すると次のようになる。①モノのライフサイクルを通した便益と環境影響を含む社会的費用を考慮して、持続可能な生産・消費に移行しなければならない。そのためには、②生産や消費のあり方を「循環」を前提とした形に見直す必要があり、モノの生産・流通から成る動脈産業と廃棄物の回収・処理から成る静脈産業の連携が重要となる。そして、③意識啓発や国民運動だけでなく、人々の行動変容を促す経済的インセンティブが不可欠だ。

一方、持続可能な社会を実現するためには、脱炭素にも配慮した循環経済でなければならない。ここで注意が必要なのが、循環経済と脱炭素の間で起こりうる「トレードオフ」である。脱炭素を推進するために、太陽光発電や電気自動車などが普及しつつあるが、これらの装置や製品も寿命を迎えればいずれ廃棄物となる。例えば、太陽光パネルには銀や銅などの有用金属やガラスなどが含まれる一方で、鉛やセレンなどの有害物質も含まれる。電気自動車に積まれているバッテリーにもリチウム、ニッケル、コバルトなどのレアメタルが含まれるが、これらの採掘による環境負荷や、リサイクルの過程で有害物質が排出される恐れがある。循環経済では有用資源を積極的に回収・再利用し、有害物質を極力用いない、あるいはやむを得ずそれらを用いた場合も適正処理が必要となる。企業には製品設計の段階からこうしたトレードオフを考慮して、循環経済と脱炭素の両方を見据えた対応が求められている。

３Ｒだけではない循環経済

循環経済と脱炭素を同時に進めるためには、３Ｒ推進だけでなく、モノのサービス化や製品の長寿命化、シェアリング、アップサイクルといった多様なアプローチが求められる。これらの取り組みは、今ある資産の有効活用を通じて資源の無駄や二酸化炭素の排出量を減らす可能性があるとともに、新たなビジネスモデルにもなる(レイシー、ルトクヴィスト 2019)。なぜなら、製品のリユースや長寿命化が普及すると、新製品の需要は減少し、これまでのように単にモノを作って売る「売り切り型」のビジネスだけでは、生産者の売り上げ減少につながる恐れがあるからだ。そこで、生産者は「売り切り型」のビジネスだけでなく、サービスを供給している間は常に消費者との関わりを持つ「継続型」のビジネスへと転換を迫られる可能性がある。消

表 8-1　循環経済の多様なアプローチ

種　類	概　要	具体例
モノのサービス化	電子化・ペーパーレス化	音楽映像配信，電子書籍，チケットレス
	機能の販売	レンタル・リース，照明・タイヤサービス
	シェアリング(共有)	カーシェア，ライドシェア(相乗り)，サイクルシェア
製品の長寿命化	同じ所有者による長期間使用	照明 LED 化，詰替え用品，修理・メンテナンス，アップグレード
	異なる所有者による長期間使用	リユース，リマニュファクチャリング(再製造)，リファービッシュ(再整備)，アップサイクル

出典：白井(2020)，p. 244 の図を参考に筆者作成

費者も製品やサービスのユーザーとして、製品の故障や回収時には生産者やサービス提供者と協力するなど一定の責任が求められる。

以下では、これまでの章で取り上げなかった循環経済のアプローチとして、モノのサービス化と製品の長寿命化に注目する。表8-1にそれぞれの概要と具体例を示す。

2　モノのサービス化

モノのサービス化とは

私たちにとって必要なのはモノそのものではなく、モノから得られる様々な機能にあることが多い。そこで注目されるのが、「モノのサービス化（サービサイジング）」である。

モノのサービス化とは、従来の製品や有形のモノの販売から、その製品等がもたらす機能や無形のサービスの販売への転換によって、顧客に一定の満足をもたらす価値を提供することである。こうした考え方は資源利用の削減を目指す「脱物質化」の議論と並び、以前から注目されていたが、ここ数年で様々なモノの電子化やペーパーレス化が進んだ。音楽や映画の視聴はCDやDVDからインターネットの配信サービス等を利用した視聴へと移り変わり、本も紙の書籍に代わって電子書籍が普及しつつある。モノの電子化やペーパーレス化はその生産や輸送、販売に係る資源やエネルギーの投入を抑制し、二酸化炭素や廃棄物の排出削減にもつながると期待される。消費者庁の調査によると、「できるだけモノを持たない暮らしに憧れる」と回答した人の割合は5割を超えており、モノのサービス化は私たちの多くが理想とする生活にも合致しているように思われる(消費者庁 2017)。

これらのサービスでは、月単位等で定額料金を支払い、一定期間そのサービスを利用できるサブスクリプション(サブスク)も広がりつつある。このように製品の販売に代わって、機能(サービス)を販売することをProduct as a service、略してPaaS(パース)と呼ぶ。これは消費者から見れば、製品の所有から機能の利用への転換を意味する。有名な事例の一つが、大手タイヤメーカーのミシュランなどによるタイヤのPaaSである。これまでタイヤメーカーはタイヤをできるだけたくさん製造し販売することで利益をあげてきた。大量廃棄を前提とした直線経済ではそれで良かったが、循環経済のビジネスモデルとは言えない。そこでミシュランはタイヤ自体の販売ではなく、タイヤの持つ機能をサービスとして販売し、自動車(トラック)の走行距離や輸送トン数、飛行機の離着陸数に応じたタイヤ利用料として対価を受け取る新しいビジネスを始めた。利用料には使用期間中の整備やパンクの修理、消耗品の交換などの料金も含まれる。このビジネスモデルでは、生産者はできるだけ寿命の長い丈夫なタイヤを製造し、それを消費者に使用してもらうことで、タイヤ製造に係る費用や資源投入量を減らせる。また寿命を迎えたタイヤは確実に回収され、走行中に摩耗したゴム(トレッドゴム)だけを更新して、内側の使用可能な部分を再利用したリトレッドタイヤとして再商品化される。PaaSの事例としては他にも、パナソニックなどによる照明サービスの販売等がある。

いずれのサービスも現在は事業者向けのサービスであるが、企業は耐久性の高い製品を提供し、サービスの販売を維持することで、次節で取り上げる製品の長寿命化と資源の節約につなげ、結果として企業に利益をもたらすことが期待される。また、廃棄時の回収も確実になることで、まだ使用可能な部品の再利用や再整備、再資源化にもつながりやすいといったメリットがある。

シェアリング

シェアリングとは、インターネット等を介して使われていない資産(遊休資産)を共有し、有効活用することである。具体的には、空き家・空き部屋の貸し出しを行う民泊、自動車のシェアリング(カーシェア)・ライドシェア(一般のドライバーが自家用車を用いて有償で人を運ぶサービス)、自宅や会社の空き駐車場の貸し出しなどのシェアリングなどがある。代表的な提供事業者として、民泊ではアメリカのエアビーアンドビー(Airbnb)、ライドシェアではウーバー(Uber)やリフト(Lyft)などがある。これらの事業者はインターネットやスマートフォンのアプリを介して、サービスの買い手と売り手を直接結びつける(マッチングする)プラットフォームを立ち上げ、シェアリングの仲介サービスを行って利益を得ている。これまで直接的なやり取りが難しかった潜在的な需要者と供給者が、プラットフォームを介して直接取引できるようになり、シェアリングは世界中で急速に普及した。このようにICT(情報通信技術)の発達は複数の経済主体間のやり取りに係る様々な費用、すなわち取引費用の低下をもたらした。

必ずしも充分に活用されない遊休資産となりがちなモノの典型例が自動車だ。イギリスのコンサルタント会社によると、時間で見た場合、自動車は80％が自宅で、16％が自宅以外の場所

で駐車されているとの試算がある（WSP | Parsons Brinckerhoff and Farrells 2016）。つまり、自動車が動いている時間は全体のわずか４％程で、残りの時間はどこかにただ置かれているだけという状況だ。カーシェア・ライドシェアはこうした自動車の遊休時間を有効活用する意味がある。資産の有効活用を進め、製品の稼働率を向上させることは、製品の製造・販売に費やされた資源の無駄を減らすことにつながり、限られた資源を有効活用する循環経済の考え方とも合致する。

国内におけるシェアリングエコノミーの効果と課題

２０１６年に日本で設立された一般社団法人シェアリングエコノミー協会は、「個人・組織・団体等が保有する何らかの有形・無形の資源（モノ、場所、技能、資金など）を売買、貸し出し、利用者と共有（シェア）する経済モデル」をシェアリングエコノミーと呼んでいる。同協会によると、シェアリングエコノミーは表８-２に示す五つに分類されている。シェアリングエコノミーの国内での市場規模は拡大傾向にあり、情報通信総合研究所（2022）によると、２０２１年度の市場規模は２兆４１９８億円に達し、２０３０年には14兆２７９９億円まで拡大する予測となっている。

表8-2　シェアリングエコノミーの分類と例

分類	例
空間のシェア	ホームシェア，民泊，駐車場，会議室
移動のシェア	ライドシェア(相乗り)，カーシェア，シェアサイクル
スキルのシェア	家事代行，育児，知識，料理，介護，教育，観光
お金のシェア	クラウドファンディング
モノのシェア	フリマ，レンタル

出典：シェアリングエコノミー協会(2022)を元に筆者作成

最近では、民間の取り組みだけでなく、国や自治体も巻き込んでシェアリングエコノミーを活用し、地域課題の解決につなげることも期待されている。具体的には、公共施設の有効活用や地域内の民間施設活用など空間のシェアによる財政負担の軽減、公共交通がない地域(交通過疎地域)での移動手段の確保、買い物支援としてのカーシェア・ライドシェアの活用などの事例が挙げられる。

一方、国内でのシェアリングの普及には課題もある。シェアリングエコノミーラボ(2018)が指摘した課題のうち、ここでは特に制度面での課題である、①安全性の担保、②保険・補償制度の整備、③法整備・規制、既存事業者との対立、④サービス提供者への課税に注目する。

消費者庁(2017)によると、シェアリングエコノミーで利用者が最も不安に感じているのが①の安全性だ。シェアリングサービスの提供者は個人である場合が多く、提供されるサービスの質にばらつきがあることから安全性への懸念が生じる。これはシェアリングサービスの利用をためらう理由にもなっている。例えば宿泊施設の場合、ホテルや旅館であれば旅館業法の適用を受けるが、民泊はその対象外である。一方で、サービスを利用する側の問題もある。例えば、民泊による騒音やごみ出し等で近隣住民とのトラブルを引き起こすといった問題がある。こうした事態を受けて、住宅宿泊事業法(いわゆる民泊新法)が2018年6月に施行された。また地域によっては条例を定めて、法律でカバーできない部分に対処している自治体もある。②も①に関係した課題であり、消費者庁(2017)によると、シェアリングエコノミーで利用者が安全性の次に不安を感じているのが、「相手とトラブルになった際の対処」と「お金のやり取り」である。最近ではサービス利用で生じた事故やトラブルに対応する保険商品も販売されている。③の既存事業者との対立について、代表的な事例にライドシェアがある。国内では道路運送法により、原則として自家用車を用いた有償旅客運送が禁止されている。お金を受け取って人を運ぶ事業を行うには、国土交通省による許可が必要だ。許可を受けた事業者が使用する自動車には緑色のナンバープレートが付けられ、一般の自動車と区別されている。こうした規制の目的には、安全性の確保や公共性及び利便性の増進がある。一方で近年では、ライドシェアのもたらす利便性に注目し、公共交通がない地域で特例としてライドシェアを認可する事例も一部で見られる。しかし、タクシー業界の反発もあり、現時点では道路運送法の改正や規制緩和の動きは見られない。④はシェアリングで得た所得に対する課税漏れの問題である。通常、個人が副業として稼いだお金は年間20万円を超えると所得税が課され、確定申告が必要となる。しかし、サービス提供者が複数のオンラインサービスに登録していると、所得の合計を正確に把握することは難しい。また、サービス提供者が仲介業者の被雇用者として扱われるか、個人事業主として扱われるかで、所得税の課税方法も異なるなど、不確定な要素も残されており、ルールの整備が求められている。

日本では欧米や中国・韓国などと比べても、シェアリングの認知度が低く、利用意向も低い（総務省2016）。今後、認知度の向上と同時に、上記課題を少しでも解決し、人々が利用したいと思えるようなシェアリングサービスの整備が求められる。

3　製品の長寿命化

製品の使用年数と買い替え理由

循環経済ではモノを長期間使用する製品の長寿命化も求められる。モノが製造され、消費者

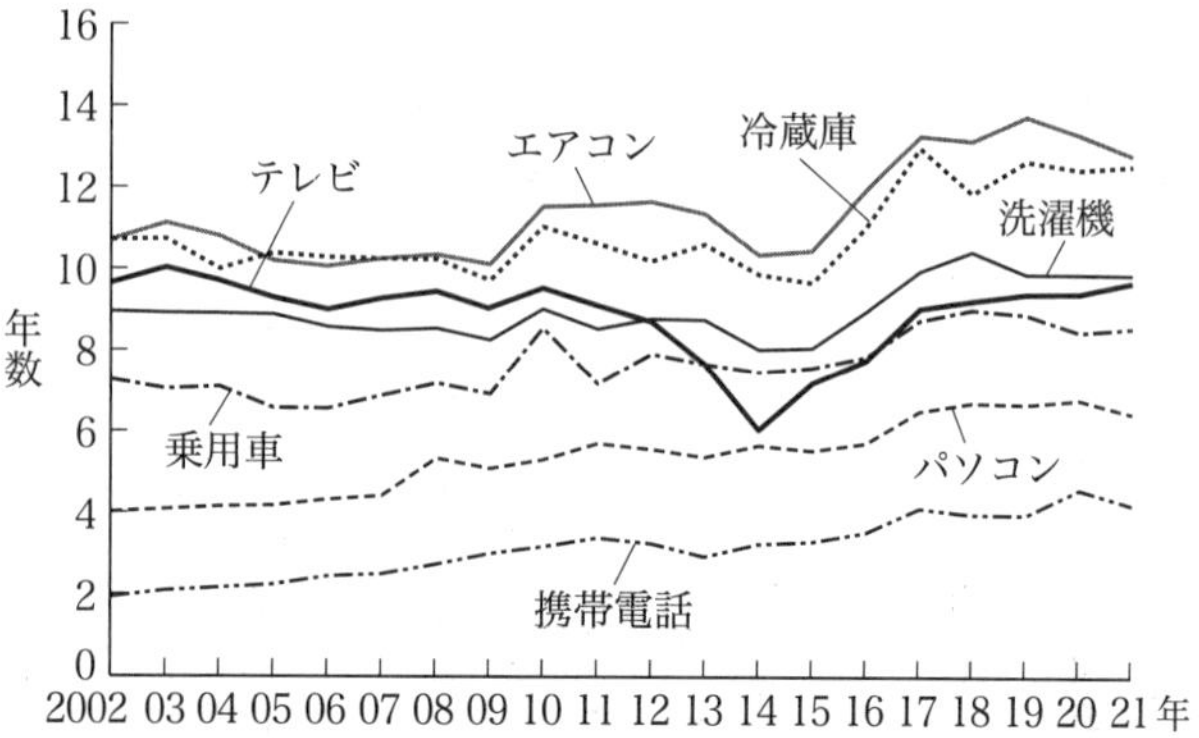

注：調査時期はいずれの年も 3 月
出典：内閣府経済社会総合研究所景気統計部(2021)より筆者作成

図 8-1　主な耐久消費財の平均使用年数の推移

の手元に届くまでの工程では様々な資源やエネルギーが投入され、二酸化炭素などの環境負荷が発生している。せっかく生産されたモノを短期間しか使用せずに買い換えを繰り返すことは、廃棄物の増加をもたらし、処理に余計な資源やエネルギーを投入し、環境負荷を発生させる。一方で前節でも述べたように、製品の長寿命化は新製品の需要減少をもたらし、従来のような売り切り型のビジネスでは生産者の売り上げが減少する恐れがある。そこで、「モノのサービス化」のような継続型のビジネスへの転換を通して、消費者の利便性を維持しながら、生産者の利益を追求するといったことが考えられる。このように製品のライフサイクルを延ばすことを念頭に置いて、生産及びサービスの供給を行うことが循環経済では非常に重要だ。

図8-1は国内における主な耐久消費財の平均使用年数の推移を示している。平均使用年数を2002年と2021年で比較すると、平均使用年数が最も長いエアコンで10・8年から13・2年、最も短い携帯電話で2年から4・2年と、テレビを除くと1年以上平均使用年数が伸びている。それでも、パソコンや携帯電話の使用年数はエアコンや冷蔵庫などの家電と比べると短い。一方、買い替えの理由に注目すると、表8-3に示すように家電では故障の割合が相対的に高いのに対し、パソコンや携帯電話ではそれが低い。すなわち、パソコンや携帯電話では、上位機種への買い替えなど故障以外の買い替え理由が比較的高くなる傾向にある。この背景には、パソコンや携帯電話の場合、モデルチェンジによる機能の充実や性能の向上などが顕著で、そのことが旧製品の陳腐化をもたらし、使用年数を短縮させていると考えられる。

表8-1で示したように、製品の長寿命化には同じ所有者が長期間使用するケースと所有者が変わりながらも長期間使用するケースが考えられる。前者の例としては、白熱球や蛍光灯をLEDにすることや、シャンプーなどで詰替え用品を使用すること、家電・電子機器等の修理・メンテナンスやアップグレードを通じて、一人の所有者が長期間使用するケースなどが挙げられる。一方、後者の例としては、不要になった物を販売し、他の人が再利用するリユースや、回収した製品・素材をより付加価値の高い製品にアップサイクルして、他の人がそれを購

表 8-3　製品別の買い替え理由の内訳

単位：%

	理由	2019 年	2020 年	2021 年
洗濯機	故障	78.3	80.1	75.4
	上位品目	9.5	7.8	9.1
	住居変更	4.6	3.1	3.8
	その他	7.7	9.0	11.8
エアコン	故障	70.5	68.1	65.3
	上位品目	9.8	13.6	13.1
	住居変更	6.8	7.3	5.8
	その他	12.9	11.0	15.8
テレビ	故障	62.2	66.5	61.9
	上位品目	24.7	21.7	28.1
	住居変更	4.3	3.8	3.9
	その他	8.9	8.0	6.1
冷蔵庫	故障	64.1	64.8	55.1
	上位品目	12.4	13.8	18.5
	住居変更	8.8	5.4	6.2
	その他	14.7	16.0	20.2
パソコン	故障	68.5	40.6	46.6
	上位品目	22.1	16.3	26.9
	住居変更	0.3	–	0.9
	その他	9.0	43.1	25.6
携帯電話	故障	37.4	34.4	36.5
	上位品目	33.9	31.4	33.8
	住居変更	0.3	–	0.1
	その他	28.4	34.2	29.7

注：調査時期はいずれの年も 3 月

出典：内閣府経済社会総合研究所景気統計部(2021)より筆者作成

入するケースなどが挙げられる。*

*アップサイクルで同じ所有者が製品を長期間使用するケースもある。例えば、着なくなった着物をバッグなどに加工して、所有者自身で利用する例が当てはまる。

同じ所有者が長期間使用するケース

家電製品等が故障した際に性能を維持するために、製造業者が必要な部品を保有する必要のある最低期間(補修用性能部品の保有期間)はエアコンと冷蔵庫で9年、テレビで8年、洗濯機で6年、パソコンで6〜7年、携帯電話で4〜6年程度とされている(パソコンと携帯電話は各社のウェブサイト、それら以外は全国家庭電気製品公正取引協議会ウェブサイトより)。図8-1と比較すると、パソコンと携帯電話を除けば、消費者が実際に家電製品を使用する期間は補修用性能部品の保有期間よりも長い。これらの家電製品の買い替え理由の過半数が故障であることを踏まえれば、補修用性能部品の保有期間をより長くすることで、修理の機会を増やし、製品の長寿命化につなげられる可能性がある。またパソコンや携帯電話では、本体はそのままでソフトのアップグレードを長期間可能にすれば、長寿命化を促進できる可能性がある。

一方で難しいのが、自動車や家電・電子機器等の場合に、燃費あるいは省エネ性能の劣る古い製品を長く使い続けるべきか、性能の高い新製品に買い換えるべきか、どちらが環境に良いのかという判断である。ここでも製品のライフサイクルを念頭に置くことが重要だ。まず、製造時にどれだけの資源やエネルギーを投入し、どれだけの環境負荷を排出したかを把握する必要がある。そして、新品の製造と使用に伴う資源・エネルギー投入量と環境負荷が、同じ期間、旧製品を使い続けた場合に要するエネルギー投入量と環境負荷を下回れば、買い替えは環境にとって望ましい選択となりうる。ただし、旧製品を使い続けた場合のエネルギー投入量と環境負荷は使用頻度(自動車の場合は走行距離等、家電・電子機器の場合には利用時間等)に依存するため、どちらが環境に良いか一概には言えない。一般に使用頻度が高い場合は、使用時の環境負荷が大きくなる傾向にあるので、新製品に買い替えた方が環境負荷は少なくなると考えられる(田崎ほか2010)。

欧州における製品の長寿命化に向けた議論

欧州では、製品の長寿命化に向けた議論も活発である。2020年3月に欧州委員会が発表した新・循環経済行動計画では、EU市場で販売される製品について、長期間の使用・再利用・修理・リサイクルが容易な製品設計を義務化することを目指している。また、欧州委員会は2023年3月に「製品の修理を推進するための共通ルールに関する指令案」を公表した。この指令案の狙いは、消費者の「修理する権利」を尊重し、製品をできる限り長期間使用できる環境を整備することにある。具体的には、製造業者に対し一定の条件での修理を義務付け、消費者向けの修理サービスやスペア部品の利用可能性を高めることなどが含まれている。読者の中にも、使用していた家電や電子機器が故障した際に修理を依頼しようとしたら、思いのほか修理代が高く、修理中の不便も考えて、結局新品を購入した経験のある人もいるかもしれない。近年は家電や電子機器の高度化が進み、修理が選択しづらい状況になっているが、EUの動きはこうした状況に歯止めをかけるものとして期待される。

異なる所有者が長期間使用するケース

一方、所有者が変わりながらも、一つの製品を長期間使用するケースもある。それを促すと期待されるのが、アップサイクルの取り組みだ。これは第2章6節でも紹介したリサイクルによる付加価値の向上のことで、リサイクル促進にも寄与する。例えば、使わなくなったTシャツを掃除用雑巾にするのは、いわば「ダウンサイクル」であるが、それをデザインや機能性を高めたバッグに再商品化すれば「アップサイクル」になる。実際の例として、高速道路で工事の案内などに使われていた横断幕を裁断して作られたトートバッグや、ビニール傘から作られた財布などがある。

また最近では、使用済み製品や初期不良・故障等で回収された製品を製造業者が分解して、部品の交換・メンテナンス・修理・洗浄等により整備したり、アップグレードしたりして再販売するリマニュファクチャリング(再製造)やリファービッシュ(再整備)も注目されている。* 例えば、パソコン・タブレット・スマートフォンなどを製造・販売するアップルは自社のウェブサイトで、通常製品よりも安く再整備品を提供している。一般の中古品と違って、通常は製造業者が直接整備しているので、中古品よりも高い品質が保証されている点もメリットである。

*リマニュファクチャリングとリファービッシュは基本的に同じ意味で使われる場合が多いが、製品の種類や業種によって用語が使い分けられている。

第3章4節でも述べたように、できるだけ安く仕入れて、高く売るのは経済の基本原則であり、再生品や再整備品にも当てはまる。そうした中で、少々高くても支払っても良いと消費者が認識するためには、廃棄物削減や脱炭素といった環境保全をアピールすることも、再生品や再整備品ならではの付加価値となるだろう。

4 「連携」で実現する循環経済

求められる様々な形での連携

これまで循環経済の議論では欧州、特にＥＵがリードしてきた。欧州委員会等が様々な戦略や政策文書を発表し、ＥＵ加盟国でその制度整備が進められている。こうした欧州の動向は、たとえ日本国内での法規制が未整備だとしても、欧州で事業を展開したり、欧州に輸出したりする企業への影響は大きく、程度の差はあれ国内企業にも影響を及ぼす。循環経済に向けた対応は短期的には企業に追加の負担を迫ることがあり、事業を進める上でのリスクとして受け身に捉えられがちである。しかし、米ハーバード大学教授のマイケル・ポーター氏が指摘したように、こうした規制等に先手で対応することは、結果的に市場での競争力を高め、ビジネスチャンスの拡大にもなりうる(Porter and Linde 1995)。

そもそも消費者や企業に過度な手間や負担を強いるようでは、循環経済は持続しない。求められているのは、私たちの日常生活での行動が自然と持続可能な社会に寄与するような、「無理のない仕組み」を経済に組み込むことだ。その手段として経済的インセンティブや拡大生産者責任(ＥＰＲ)の考え方がある。すなわち、経済的インセンティブによって廃棄物や環境負荷の削減を促し、ＥＰＲの適用を通じて動脈産業と静脈産業の有機的連携を促進するのである。

一方、一事業者が持つ技術や知見には限りがあり、異業種を含む他の事業者等と連携して社会的な課題に対応することも重要だ。一例として、第６章１節で紹介した「食品リサイクル・

ループ」を活用した事例がある。また、そうした異業種連携を円滑に進めるには行政の力が必要であり、官民連携も重要だ。環境省・経済産業省・日本経済団体連合会(経団連)が主体となって2021年3月に設立された循環経済パートナーシップ(J4CE：ジェイフォース)はそうした取り組みの一つとして注目される。

事業者間の連携や官民連携は地域における持続可能な社会の形成にもつながる。第5次環境基本計画(2018年4月閣議決定)で提唱された「地域循環共生圏」では、「各地域が美しい自然景観等の地域資源を最大限活用しながら自立・分散型の社会を形成しつつ、地域の特性に応じて資源を補完し支え合うことにより、地域の活力が最大限に発揮されること」を目指している。そこでは、都市と農山漁村それぞれの地域資源を活かし、自立分散型の社会を構築しつつも、各地域の特性に応じて補完し、支え合う姿が描かれている。これまで私たちは資源の利用や環境負荷を「増やす」ことで豊かな社会を築き、人口の増大や経済の拡大を実現してきた。今後はそれらを「減らす」ことで豊かな社会を維持、あるいは発展させる成長戦略が求められている。特に世界でもいち早く人口減少に直面している日本にとって、人やモノの「減少」を前提に、将来に渡って持続可能な社会を設計することは急務だ。「循環」というと一つの大きな輪がイメージされることが多いが、その輪の中には数多くの人々や様々な業種の事業者が網目のように結ばれて、廃棄物・資源を含むモノやお金を融通し合う社会が理想的な姿であろう。

国連のＳＤＧｓを理解する際に時々引き合いに出されるのが、近江商人の経営哲学である「三方よし」だ。「三方よし」とは「売り手よし、買い手よし、世間よし」を意味し、「商売は自らの利益だけでなく、顧客はもちろん、世の中にとっても良いものであるべき」との考え方である。これは経済産業省の『循環経済ビジョン２０２０』でも引用されており、循環経済を構築する上でも当てはまる。循環経済を見据えた事業はビジネスとしての利益を追求しながら、そこで提供されるモノやサービスは消費者の満足が得られるものであるべきであり、かつＳＤＧｓに代表されるような社会課題の解決を通じて世界の人々の暮らしを豊かにするものでなければならない。一方、消費者も普段の買い物や不要になったモノの分別排出といった経済行動を通じて、日常生活の中で循環経済に貢献できる。私たちは自らが築いてきた豊かな社会を維持し、今後より発展させるための成長戦略として、循環経済への移行を着実に進めて行くことが求められている。

あとがき

筆者が廃棄物処理や資源循環に興味を持ち、ごみの問題について本格的に調べるようになったのは大学の卒業論文作成の時からです。大学院に入ってから環境経済学を学び、当面は廃棄物処理や資源循環を研究テーマにしながらも、いずれは地球温暖化など他の環境問題も研究対象にするつもりでした。しかし、その後も「廃棄物の沼」から抜け出すことはできず、気がつけば廃棄物処理の経済分析を主たる研究テーマとして30年近くもの歳月が過ぎました。筆者にとって、廃棄物と経済をめぐる問題は非常に広範で奥深く、なかなか終わりが見えないテーマです。

一方、多くの人々はプラスチックや食品ロスといった近年メディアでも取り上げられることの多い話題には関心を持っても、普段の生活で出している雑多なごみがどこでどのように処理されているかといったことに関心を持つことはあまりないように思います。また、ごみ問題の解決法として多くの人が思い浮かべるのは、法律による規制や処理に関する技術の導入などで、廃棄物と経済の関係性を意識することはなかなかないかもしれません。しかし実際には、本書で見てきたように、廃棄物の発生は私たちの日々の生活やそれを支える産業活動に起因しており、廃棄物と経済との関わりは非常に大きいのです。

このように私たちの生活と密接に関係した廃棄物ですが、その処理の方法や施設の設置をめぐっては、行政・事業者・住民の間で時として対立が生まれ、感情的な議論になることもありました。そうした中、他の環境問題と同様に、経済学の様々な考え方が廃棄物や資源をめぐる問題にも客観的で有用な判断材料を提供しうると、筆者は考えてきました。折しも、所属する大学のオンライン公開講座で「廃棄物の経済学」というテーマの授業を担当する機会がありました。同講座ではこれまでの研究成果を簡潔にまとめ、一般の人向けに廃棄物処理・資源循環・経済の関わり等について解説しました。その講座の内容をベースに、話題や内容を大幅に拡充して、文章化したのが本書です。

循環経済では、廃棄物の排出をゼロに近づけることが求められますが、実際には異物や不純物の混入等により、完全な意味での１００％リサイクルは困難です。本書で述べたように、技術的に可能であっても、経済的な損失が大きいこともあります。そのため循環経済においても、中間処理後の残さで再資源化できないものは埋立処分場で適正に処分しなければなりません。

最終処分場の数は今後さらに減少すると期待されますが、当面ゼロにはならないでしょう。私たちが安全で快適に暮らせるためには、従来の廃棄物の適正処理も重要です。一方で、資源確保や環境保全を目的とした資源政策も不可欠です。動脈産業で発生した廃棄物などの副産物を再利用・再資源化するためには、需要先のニーズに合わせて再生資源を融通する仲介業者や、それらを加工する技術を持った廃棄物処理業者(リサイクラー)の役割が期待されます。さらに、そうした循環経済の基礎となる産業の育成や新たなビジネスの開拓、そして成長戦略が求められます。

循環経済は廃棄物処理の延長線上にとどまるものではない、と本書では繰り返し述べてきました。しかし、本書を執筆する上で最も難しかったのは、この点を踏まえて議論することでした。というのも、筆者自身の関心が元々廃棄物処理政策から始まっていたからです。本書では、できるだけ廃棄物処理・資源循環・経済のそれぞれに関わる政策の結びつきを意識した内容にしたつもりですが、この点ではまだ課題が残されているかもしれません。また本書では紙面の都合上、取り上げませんでしたが、衣類・自動車(特に電気自動車など次世代自動車への対応)・建設といった分野での循環経済への移行も残された課題です。加えて、循環経済の進展度(サーキュラリティー)を国家間や企業間でどのように比較・評価するかといった議論もあります。今後はこれらの課題にも対応しつつ、循環経済をさらに発展させていくことが求められます。

最後に、本書執筆にあたっては多くの方々にご協力をいただきました。とりわけ柘植隆宏教授(上智大学)、沼田大輔教授(福島大学)、石村雄一准教授(近畿大学)の三氏には、本書の草稿に目を通していただき、数多くの貴重なご意見やご提案をいただきました。また、岩波書店の島村典行氏には本書及び各章のタイトルや全体の構成等について、非常に有益なご提案やご助言をいただきました。ここに記して感謝申し上げます。

2023年7月

笹尾俊明

環境・地球

グリーン・ニューディール　明日香壽川
水の未来　沖大幹
異常気象と地球温暖化　鬼頭昭雄
エネルギーを選びなおす　小澤祥司
欧州のエネルギーシフト◆　脇阪紀行
グリーン経済最前線◆　井田徹治・末吉竹二郎
環境アセスメントとは何か　原科幸彦
生物多様性とは何か　井田徹治
キリマンジャロの雪が消えていく　石弘之
イワシと気候変動　川崎健
森林と人間　石城謙吉
地球の水が危ない　高橋裕
地球環境報告Ⅱ　石弘之
地球環境問題とは何か　米本昌平
地球環境報告　石弘之
国土の変貌と水害◆　高橋裕
水俣病　原田正純

情報・メディア

実践 自分で調べる技術　宮内泰介
生きるための図書館　竹内さとる
メディア不信 何が問われているのか　林香里
グローバル・ジャーナリズム　澤康臣
キャスターという仕事　国谷裕子
読んじゃいなよ！　高橋源一郎編
読書と日本人　津野海太郎
スポーツアナウンサー 実況の真髄　山本浩
戦争と検閲 石川達三を読み直す　河原理子
ＮＨＫ〔新版〕　松田浩
震災と情報◆　徳田雄洋
メディアと日本人　橋元良明
デジタル社会はなぜ生きにくいか　徳田雄洋
ジャーナリズムの可能性　原寿雄
どう生きるか　西垣通
報道被害　梓澤和幸
メディア社会　佐藤卓己
現代の戦争報道　門奈直樹
未来をつくる図書館　菅谷明子
新聞は生き残れるか◆　中馬清福
メディア・リテラシー　菅谷明子
職業としての編集者　吉野源三郎
岩波新書解説総目録 1938-2019　岩波新書編集部編

岩波新書新赤版一〇〇〇点に際して

ひとつの時代が終わったと言われて久しい。だが、その先にいかなる時代を展望するのか、私たちはその輪郭すら描きえていない。二〇世紀から持ち越した課題の多くは、未だ解決の緒を見つけることのできないままであり、二一世紀が新たに招きよせた問題も少なくない。グローバル資本主義の浸透、憎悪の連鎖、暴力の応酬——世界は混沌として深い不安の只中にある。

現代社会においては変化が常態となり、速さと新しさに絶対的な価値が与えられた。消費社会の深化と情報技術の革命は、種々の境界を無くし、人々の生活やコミュニケーションの様式を根底から変容させてきた。ライフスタイルは多様化し、一面では個人の生き方をそれぞれが選びとる時代が始まっている。同時に、新たな格差が生まれ、様々な次元での亀裂や分断が深まっている。社会や歴史に対する意識が揺らぎ、普遍的な理念に対する根本的な懐疑や、現実を変えることへの無力感がひそかに根を張りつつある。そして生きることに誰もが困難を覚える時代が到来している。

しかし、日常生活のそれぞれの場で、自由と民主主義を獲得し実践することを通じて、私たち自身がそうした閉塞を乗り超え、希望の時代の幕開けを告げてゆくことは不可能ではあるまい。そのために、いま求められていること——それは、個と個の間で開かれた対話を積み重ねながら、人間らしく生きることの条件について一人ひとりが粘り強く思考することではないか。その営みの糧となるものが、教養に外ならないと私たちは考える。歴史とは何か、よく生きるとはいかなることか、世界そして人間はどこへ向かうべきなのか——こうした根源的な問いとの格闘が、文化と知の厚みを作り出し、個人と社会を支える基盤としての教養となった。まさにそのような教養への道案内こそ、岩波新書が創刊以来、追求してきたことである。

岩波新書は、日中戦争下の一九三八年一一月に赤版として創刊された。創刊の辞は、道義の精神に則らない日本の行動を憂慮し、批判的精神と良心的行動の欠如を戒めつつ、現代人の現代的教養を刊行の目的とする、と謳っている。以後、青版、黄版、新赤版と装いを改めながら、合計二五〇〇点余りを世に問うてきた。そして、いままた新赤版が一〇〇〇点を迎えたのを機に、人間の理性と良心への信頼を再確認し、それに裏打ちされた文化を培っていく決意を込めて、新しい装丁のもとに再出発したいと思う。一冊一冊から吹き出す新風が一人でも多くの読者の許に届くこと、そして希望ある時代への想像力を豊かにかき立てることを切に願う。

（二〇〇六年四月）

笹尾俊明

1973年大阪府生まれ
大阪市立大学(現大阪公立大学)経済学部卒業
神戸大学博士(経済学)
岩手大学人文社会科学部教授を経て,
現在，立命館大学経済学部教授
専攻－環境経済学
著書－『循環型社会をつくる』(共編著，岩波書店),
『廃棄物処理の経済分析』(勁草書房) など

循環経済入門
—廃棄物から考える新しい経済　　岩波新書(新赤版)1987

2023年9月20日　第1刷発行

著　者　笹尾俊明《ささおとしあき》

発行者　坂本政謙

発行所　株式会社 岩波書店
〒101-8002 東京都千代田区一ツ橋 2-5-5
案内 03-5210-4000　営業部 03-5210-4111
https://www.iwanami.co.jp/

新書編集部 03-5210-4054
https://www.iwanami.co.jp/sin/

印刷製本・法令印刷　カバー・半七印刷

ISBN 978-4-00-431987-0　　Printed in Japan

引用文献・参考文献

はじめに

リチャード・C・ポーター(石川雅紀，竹内憲司訳)(2005)『入門　廃棄物の経済学』東洋経済新報社.

第1章

梅田靖・21世紀政策研究所編著(2021)『サーキュラーエコノミー――循環経済がビジネスを変える』勁草書房.

環境庁(1996)『平成8年版環境白書』，https://www.env.go.jp/policy/hakusyo/h08/mokuji_h08.html

環境省(2011)『我が国におけるびんリユースシステムの在り方に関する検討会取りまとめ』，https://www.env.go.jp/content/900538071.pdf

環境省環境再生・資源循環局総務課リサイクル推進室(2022)『令和3年度リユース市場規模調査報告書』令和4年9月.

環境省環境再生・資源循環局廃棄物規制課(2023)『令和4年度事業　産業廃棄物排出・処理状況調査報告書(令和3年度速報値)』，https://www.env.go.jp/content/000123320.pdf

環境省ウェブサイトa，廃棄物処理技術情報，https://www.env.go.jp/recycle/waste_tech/ippan/stats.html

環境省ウェブサイトb，産業廃棄物の排出及び処理状況等，https://www.env.go.jp/recycle/waste/sangyo.html

環境省ウェブサイトc，産業廃棄物処理施設の設置，産業廃棄物処理業の許可等に関する状況(令和3年度実績等)，https://www.env.go.jp/content/000134805.pdf

北村喜宣(2020)『環境法(第5版)』弘文堂.

京都市ウェブサイトa，家庭ごみの現状と課題(令和2年度)，https://www.city.kyoto.lg.jp/kankyo/cmsfiles/contents/0000248/248968/R02katei.pdf

京都市ウェブサイトb，事業ごみの現状と課題（令和2年度），https://www.city.kyoto.lg.jp/kankyo/cmsfiles/contents/0000248/248976/R02zigyou.pdf
経済産業省（2020）『循環経済ビジョン2020』2020年5月，https://www.meti.go.jp/press/2020/05/20200522004/20200522004-2.pdf
消費者庁ウェブサイト，エシカル消費とは，https://www.caa.go.jp/policies/policy/consumer_education/public_awareness/ethical/about/
通商産業省環境立地局（2000）『循環経済ビジョン——循環型経済システムの構築に向けて』通商産業調査会.
農業協同組合新聞（2022）「配合飼料価格　1トン8万7731円　史上最高値　生産負担重く」2022年4月1日，https://www.jacom.or.jp/nousei/news/2022/04/220401-57942.php.
農林水産省農産局技術普及課（2022）『肥料をめぐる情勢』2022年4月，https://www.maff.go.jp/j/seisan/sien/sizai/s_hiryo/attach/pdf/index-7.pdf
ピーター・レイシー，ヤコブ・ルトクヴィスト（牧岡宏・石川雅崇監訳，アクセンチュア・ストラテジー訳）（2019）『新装版サーキュラー・エコノミー——デジタル時代の成長戦略』日本経済新聞出版.
細田衛士（2015a）「循環型社会構築に向けての新展開——EUと日本の比較の観点から」『廃棄物資源循環学会誌』Vol. 26，No. 4，pp. 253-260.
森口祐一（2016）「UNEP国際資源パネルの活動と資源効率性に関する評価報告書」『廃棄物資源循環学会誌』Vol. 27，No. 4，pp. 260-268.
Council of the European Union (2023), Proposal for a Regulation of the European Parliament and of the Council concerning batteries and waste batteries, repealing Directive 2006/66/EC and amending Regulation (EU) No 2019/1020, https://data.consilium.europa.eu/doc/document/ST-5469-2023-INIT/en/

pdf
European Commission (2001), Green Paper on Integrated Product Policy COM (2001) 68, https://ec. europa. eu/environment/ipp/2001 developments.htm
European Commission (2011a), A resource-efficient Europe-Flagship initiative under the Europe 2020 Strategy, https://eur-lex.europa.eu/LexUriServ/LexUriServ.do?uri=COM:2011:0021:FIN:en:PDF
European Commission (2011b), Roadmap to a Resource Efficient Europe, https://eur-lex.europa.eu/legal-content/EN/TXT/?uri=CELEX:52011DC0571
European Commission (2014), Scoping study to identify potential circular economy actions, priority sectors, material flows and value chains: final report, publications office, 2014, https://data.europa.eu/doi/10.2779/29525
European Commission (2015), Closing the loop-An EU action plan for the Circular Economy, https://eur-lex.europa.eu/legal-content/EN/ALL/?uri=CELEX:52015DC0614
European Commission (2020), Communication from the Commission to the European Parliament, The Council, The European Economic and Social Committee and the Committee of the Regions, A new Circular Economy Action Plan For a cleaner and more competitive Europe, https://eur-lex.europa.eu/legal-content/EN/TXT/?qid=1583933814386&uri=COM:2020:98:FIN
ISO ウェブサイト, ISO/TC323 Circular economy, https://www.iso.org/committee/7203984.html
Kaza, S., Yao, L., Bhada-Tata, P. Van Woerden, F. (2018) What a Waste 2.0: A Global Snapshot of Solid Waste Management to 2050, World Bank. http://hdl. handle. net/10986/30317
World Bank (2021), Commodity Markets Outlook: Special Focus Causes and Consequences of Metal Price Shocks, https://thedocs.worldbank.org/en/doc/c5de1ea3b3276cf54e7a1dff4e

95362b-0350012021/related/CMO-April-2021-special-focus.pdf

第2章

岩手県ウェブサイト，岩手・青森県境産廃不法投棄事案の記録，https://www.pref.iwate.jp/kurashikankyou/kankyou/fuhoutouki/1006174.html

環境省環境再生・資源循環局廃棄物適正処理推進課(2023)『日本の廃棄物処理 令和3年度版』https://www.env.go.jp/recycle/waste_tech/ippan/r3/data/disposal.pdf

環境省ウェブサイトd，産業廃棄物の不法投棄等の状況(令和3年度)について，2023年1月17日，https://www.env.go.jp/press/press_01043.html

国家公安委員会・警察庁(2022)『令和4年版 警察白書』統計資料，https://www.npa.go.jp/hakusyo/r04/data.html

中台澄之(2020)『捨て方をデザインする循環ビジネス』誠文堂新光社.

PETボトルリサイクル推進協議会(2022)『PETボトルリサイクル年次報告書2022』，https://www.petbottle-rec.gr.jp/nenji/2022/

細田衛士(2012)『グッズとバッズの経済学——循環型社会の基本原理(第2版)』東洋経済新報社.

細田衛士(2015b)『資源の循環利用とはなにか——バッズをグッズに変える新しい経済システム』岩波書店.

Kinnaman, T. C., Shinkuma, T. and Yamamoto, M. (2014), The socially optimal recycling rate: Evidence from Japan, *Journal of Environmental Economics and Management*, Vol. 68, Issue 1, pp. 54-70.

第3章

環境省環境再生・資源循環局廃棄物規制課(2020)『バーゼル条約附属書改正と改正を踏まえた国内運用について 令和2年度

バーゼル法等説明会』，https://www.env.go.jp/recycle/yugai/pdf/r030315_01.pdf
小島道一(2018)『リサイクルと世界経済——貿易と環境保護は両立できるか』中公新書．
笹尾俊明(2020)「一般廃棄物の収集運搬・処理費用に関する計量経済分析——市町村と一部事務組合等の違いを考慮して」『廃棄物資源循環学会論文誌』Vol. 31，pp. 75-87．
鄭智允(2014)「「自区内処理の原則」と広域処理(上)小金井市のごみ処理施設立地問題の現況から」『自治総研』第427号，2014年5月号，pp. 29-46．
鈴木達治郎(2022)「核燃料サイクルの課題と原発の未来」『学術の動向』2022年4月号，pp. 52-58．
電気事業連合会(2021)『FEPC INFOBASE』，https://www.fepc.or.jp/library/data/infobase/
日本原子力文化財団(2021)『原子力総合パンフレット2021年度版』(1章)，https://www.jaero.or.jp/sogo/detail/cat-01-08.html
日本弁護士連合会(2022)『高レベル放射性廃棄物の地層処分方針を見直し，将来世代に対し責任を持てる持続可能な社会の実現を求める決議』，https://www.nichibenren.or.jp/document/civil_liberties/year/2022/2022_1.html
フランク・フォンヒッペル，田窪雅文，カン・ジョンミン(田窪雅文訳)(2021)『プルトニウム——原子力の夢の燃料が悪夢に』緑風出版．
PETボトルリサイクル推進協議会(2018)『PETボトルリサイクル年次報告書2018』
北海道(2020)『文献調査に係るNUMOの事業計画の変更認可に関する知事コメント』2020年11月17日，https://www.pref.hokkaido.lg.jp/ss/tkk/hodo/gcomment/r2/r021117.html.
横浜市資源循環局(2006)『横浜G30プラン(旧横浜市一般廃棄物処理基本計画)の検証と今後の展開(ローリング)』，https://www.city.yokohama.lg.jp/city-info/yokohamashi/org/shigen/

sonota/hoshin/g30/index-g30rolling.html
NEA (2020), Uranium 2020: Resources, Production and Demand, OECD Publishing, Paris, https://www.oecd-nea.org/upload/docs/application/pdf/2020-12/7555_uranium_-_resources_production_and_demand_2020_web.pdf

第4章

碓井健寛(2011)「ごみ有料化後にリバウンドは起こるのか？」『環境経済・政策研究』4巻1号, pp. 12-22.
環境省環境再生・資源循環局廃棄物適正処理推進課(2023)『日本の廃棄物処理 令和3年度版』https://www.env.go.jp/recycle/waste_tech/ippan/r3/data/disposal.pdf
笹尾俊明(2011a)『廃棄物処理の経済分析』勁草書房.
笹尾俊明(2011b)「産業廃棄物税の排出抑制効果に関するパネルデータ分析」『廃棄物資源循環学会論文誌』Vol. 22, No. 3, pp. 156-166.
産業構造審議会環境部会廃棄物・リサイクル小委員会(2012)『第20回(2012年3月30日)配布資料4：消費者アンケートによる使用済製品の排出・退蔵実態』, https://www.meti.go.jp/shingikai/sankoshin/sangyo_gijutsu/haikibutsu_recycle/020.html
情報通信ネットワーク産業協会(2022)『令和3年度 携帯電話におけるリサイクルの取り組み状況について〜回収台数は横ばい, 回収率は減少〜』2022年9月14日, https://www.ciaj.or.jp/pressrelease2022/8231.html
寺園淳(2022)「リチウムイオン電池の循環・廃棄過程における火災等の発生と課題」『廃棄物資源循環学会誌』Vol. 33, No. 3, pp. 214-228.
沼田大輔(2014)『デポジット制度の環境経済学——循環型社会の実現に向けて』勁草書房.
山谷修作(2020)『ごみ減量政策－自治体ごみ減量手法のフロンティア』丸善出版.

山谷修作ホームページ，ごみ有料化情報，http://www.yamayashusaku.com/survey.html
DPG（Deutche Pfandsystem GmbH）（2022），Overview of beverages subject to deposit, https://dpg-pfandsystem.de/images/pdf/220105-DPG-Overview-beverages-3cols-S.pdf
DW（Deutsche Welle）（2021），A look at Germany's bottle deposit scheme，2021年11月17日記事，https://www.dw.com/en/how-does-germanys-bottle-deposit-scheme-work/a-50923039
NetZero Pathfinders ウェブサイト，Deposit Return Scheme: Germany，https://www.bloomberg.com/netzeropathfinders/best-practices/deposit-return-scheme-germany/

第5章

大塚直(2020)『環境法(第4版)』有斐閣.
家電リサイクル券センターウェブサイト，再商品化等料金一覧，https://www.rkc.aeha.or.jp/recycle_price_compact.html
環境省ウェブサイトe，『令和3年度容器包装リサイクル法に基づく市町村の分別収集等の実績について』(2023年3月31日発表)，https://www.env.go.jp/press/press_01329.html
環境省環境再生・資源循環局総務課リサイクル推進室(2022)『令和2年度における小型家電リサイクル法に基づくリサイクルの実施状況等について』2022年8月23日発表，https://www.env.go.jp/press/press_00452.html
北村喜宣(2020)『環境法(第5版)』弘文堂.
経済産業省・環境省(2022)『令和2年度における家電リサイクル法に基づくリサイクルの実施状況等について』，令和4年4月19日，https://www.meti.go.jp/press/2022/04/20220419002/20220419002-1.pdf
小島道一(2018)『リサイクルと世界経済――貿易と環境保護は両立できるか』中公新書.
笹尾俊明(2019)「ベルギーにおける家庭系容器包装廃棄物のリサイクルの現状と日本への示唆」『廃棄物資源循環学会論文誌』,

Vol. 30, pp. 38-47.
産業構造審議会産業技術環境分科会廃棄物・リサイクル小委員会容器包装リサイクルワーキンググループ 中央環境審議会循環型社会部会容器包装の3R推進に関する小委員会合同会合(2016)『容器包装リサイクル制度の施行状況の評価・検討に関する報告書』，平成28年5月.

3R推進団体連絡会(2022)『RRR ver. 3』(3R推進団体連絡会パンフレット)，http://3r-suishin.jp/3Rpamphlet/3Rpamphlet_ver3.pdf

日本容器包装リサイクル協会ウェブサイト，https://www.jcpra.or.jp/municipality/contribution/tabid/390

平沼光(2021)『資源争奪の世界史――スパイス，石油，サーキュラーエコノミー』日本経済新聞出版.

PETボトルリサイクル推進協議会(2014)，『PETボトルリサイクル年次報告書2014』

細田衛士(2012)『グッズとバッズの経済学――循環型社会の基本原理(第2版)』東洋経済新報社.

細田衛士(2022)『循環経済――理論分析と応用』岩波書店.

CITEO (2022), Rapport d'activité Citeo et Adelphe 2021, https://bo.citeo.com/sites/default/files/2022-09/CITEO-Rapport%20activite%202021-300dpi.pdf

Eurostat (2022), Waste statistics-electrical and electronic equipment, https://ec.europa.eu/eurostat/statistics-explained/index.php?title=Waste_statistics_-_electrical_and_electronic_equipment&oldid=556612#Electrical_and_electronic_equipment_.28EEE.29_put_on_the_market_and_WEEE_processed_in_the_EU

Fostplus (2021), Key figures 2021, https://com.fostplus.be/activityreport2021en/key-figures-2021

Huisman, J. et al. (2015), Countering WEEE Illegal Trade (CWIT) Summary Report, Market Assessment, Legal Analysis, Crime Analysis and Recommendations Roadmap, https://doi.org/

10.13140/RG.2.1.4864.2328
Laubinger, F. et al. (2021), Modulated fees for extended producer responsibility (EPR), OECD Environment Working Paper, No. 184, https://one.oecd.org/document/ENV/WKP(2021)16/En/pdf
OECD(2001), Extended Producer Responsibility: A Guidance Manual for Governments, OECD Publishing.
OECD(2016), Extended Producer Responsibility: Updated Guidance for Efficient Waste Management, OECD Publishing.
PREVENT Waste Alliance ウェブサイト, EPR Toolbox, https://prevent-waste.net/en/epr-toolbox/
Zero Waste Europe (2022), How Circular Is Pet?: A Report on the Circularity of PET bottles, Using Europe as a Case Study, https://zerowasteeurope.eu/wp-content/uploads/2022/02/HCIP_V13_summary-1.pdf
ZSVR(ドイツ中央包装登録局)ウェブサイト, https://www.verpackungsregister.org/en?r=1

第 6 章

環境省(2022)『令和 3 年度 食品廃棄物等の発生抑制及び再生利用の促進の取組に係る実態調査報告書』令和 4 年 3 月, https://www.env.go.jp/recycle/foodloss/pdf/houkokusho_r03.pdf
消費者庁消費者教育推進課食品ロス削減推進室(2022)『令和 3 年度消費者の意識に関する調査結果報告書－食品ロスの認知度と取組状況等に関する調査－』令和 4 年 4 月, https://www.caa.go.jp/policies/policy/consumer_policy/information/food_loss/efforts/assets/consumer_education_cms201_220413.pdf
農林水産省・環境省(2013)『食品リサイクル法の施行状況』平成 25 年 3 月 28 日, https://www.maff.go.jp/j/council/seisaku/syokusan/recycle/h24_01/pdf/doc2_rev.pdf
農林水産省食料産業局バイオマス循環資源課食品産業環境対策室(2014)『食品ロス削減に向けて〜NO-FOODLOSS PROJECT

の推進～』平成 26 年 12 月，https://www.maff.go.jp/j/shokusan/recycle/syoku_loss/pdf/losgen.pdf

農林水産省(2022)『各フードバンク活動団体の活動概要(215 団体：令和 4 年 10 月 31 日時点)』，https://www.maff.go.jp/j/shokusan/recycle/syoku_loss/attach/pdf/foodbank-27.pdf

農林水産省(2023a)『令和 3 年度食品廃棄物等の年間発生量及び食品循環資源の再生利用等実施率(推計値)』，https://www.maff.go.jp/j/shokusan/recycle/syokuhin/attach/pdf/kouhyou-14.pdf

農林水産省(2023b)『食品ロス及びリサイクルをめぐる情勢』令和 5 年 6 月，https://www.maff.go.jp/j/shokusan/recycle/syoku_loss/attach/pdf/161227_4-3.pdf

三菱 UFJ リサーチ＆コンサルティング(2021)『令和 2 年度 食品産業リサイクル状況等調査委託事業(食品関連事業者における食品廃棄物等の可食部・不可食部の量の把握等調査)報告書』，https://www.maff.go.jp/j/shokusan/recycle/syoku_loss/attach/pdf/161227_8-87.pdf

流通経済研究所(2020)『平成 31 年度　持続可能な循環資源活用総合対策事業 フードバンク実態調査事業　報告書』令和 2 年 3 月，https://www.dei.or.jp/research/research08/research08_05.html

渡辺浩平(2020)「食品廃棄の実態把握をめぐる国際動向──SDG ターゲット 12.3 を中心に」『廃棄物資源循環学会誌』Vol. 31, No. 4, pp. 232-243.

FAO (2019), The State of Food and Agriculture 2019, https://www.fao.org/3/ca6030en/ca6030en.pdf

WWF (2021), Driven to Waste: The Global Impact of Food Loss and Waste on Farms, https://wwfint.awsassets.panda.org/downloads/wwf_uk_driven_to_waste_the_global_impact_of_food_loss_and_waste_on_farms.pdf

第7章

朝日新聞デジタル(2020)「レジ袋有料化から考える　ゴミ袋の売れ行きが伸びる矛盾」2020年9月13日，https://www.asahi.com/articles/ASN9D74CYN96ULBJ00D.html

浅利美鈴・佐藤直己・酒井伸一・中村一夫・郡嶌孝(2008)「レジ袋ごみの課題と展望――その量と質の視点から」『廃棄物学会誌』Vol. 19, No. 5, pp. 187-193.

磯辺篤彦(2020)『海洋プラスチックごみ問題の真実――マイクロプラスチックの実態と未来予測』化学同人.

大竹文雄(2022)『あなたを変える行動経済学――よりよい意思決定・行動をめざして』東京書籍.

川野茉莉子(2021)「サーキュラーエコノミーの名の下，変革を迫られるプラスチック業界」『経営センサー3月号』(株式会社東レ経営研究所)No. 230, pp. 29-42.

環境省ウェブサイトf，レジ袋有料化(2020年7月開始)の効果，https://www.env.go.jp/content/000050376.pdf

原田禎夫(2019)「プラスチックごみゼロ宣言にみる自治体の政策形成の展望と課題」『環境経済・政策研究』12巻2号，pp. 72-76.

舟木賢徳(2006)『「レジ袋」の環境経済政策――ヨーロッパや韓国，日本のレジ袋削減の試み』リサイクル文化社.

プラスチック循環利用協会(2021)『プラスチックリサイクルの基礎知識2021』

プラスチック循環利用協会(2023)『プラスチックリサイクルの基礎知識2023』，https://www.pwmi.or.jp/pdf/panf1.pdf

Convery, F., McDonnell, S. and Ferreira, S. (2007), The most popular tax in Europe? Lessons from the Irish plastic bags levy, *Environmental Resource Economics*, Vol. 38, Issue 1, pp. 1-11.

JETRO(2019)「台湾で脱プラスチックの動きが加速」『JETRO地域・分析レポート』2019年6月5日，https://www.jetro.go.jp/biz/areareports/2019/01dee602c9571856.html

JETRO(2021)「2025年までに使い捨てプラスチック包装の年間市

場投入量を2018年比20％削減」『JETROビジネス短信』2021年5月13日，https://www.jetro.go.jp/biznews/2021/05/413407e4a686561c.html

Ocean Conservancy (2010), TRASH TRAVEL 2010 REPORT, https://oceanconservancy.org/wp-content/uploads/2017/04/2010-Ocean-Conservancy-ICC-Report.pdf

OECD (2022), Global Plastics Outlook: Economic Drivers, Environmental Impacts and Policy Options, OECD Publishing, Paris, https://doi.org/10.1787/de747aef-en

UNEP(2018), SINGLE-USE PLASTICS A Roadmap for Sustainability, https://wedocs.unep.org/bitstream/handle/20.500.11822/25496/singleUsePlastic_sustainability.pdf

World Economic Forum (2016), The New Plastics Economy: Rethinking the future of plastics, https://www3.weforum.org/docs/WEF_The_New_Plastics_Economy.pdf

第8章

シェアリングエコノミー協会(2022)『シェアリングエコノミー活用ハンドブック(2022年3月版)』，https://sharing-economy.jp/ja/wp-content/uploads/2022/03/Sharing-economy-handbook_202203.pdf

シェアリングエコノミーラボ(2018)『事業者は押さえておきたい，シェアリングエコノミーが抱える課題と対応策まとめ』，https://sharing-economy-lab.jp/share-problem-solution

消費者庁(2017)『平成28年度消費生活に関する意識調査結果報告書－SNSの利用，暮らしの豊かさ，シェアリングエコノミー等に関する調査－』，https://warp.da.ndl.go.jp/info:ndljp/pid/12251766/www.caa.go.jp/policies/policy/consumer_research/research_report/survey_001/pdf/information_isikicyousa_170726_0003.pdf

情報通信総合研究所(2022)『シェアリングエコノミー関連調査 2021年度調査結果(市場規模，経済波及効果)』，https://shar

ing-economy.jp/ja/wp-content/uploads/2022/01/1d6acc7e6a69d1938f054c88778ba43b.pdf
白井信雄(2020)『持続可能な社会のための環境論・環境政策論』大学教育出版.
全国家庭電気製品公正取引協議会ウェブサイト，https://www.eftc.or.jp/code/notation/notation_table3.php
総務省(2016)『平成 28 年版情報通商白書』，https://www.soumu.go.jp/johotsusintokei/whitepaper/ja/h28/html/nc131230.html
田崎智宏・本下晶晴・内田裕之・鈴木靖文(2010)「様々な買替条件をふまえたテレビ，エアコン，冷蔵庫の買替判断――Prescriptive LCA の適用」『第 5 回日本 LCA 学会研究発表会講演要旨集』pp. 166-167.
内閣府経済社会総合研究所景気統計部(2021)『消費動向調査 令和 3 年 3 月実施調査結果』，https://www.esri.cao.go.jp/jp/stat/shouhi/honbun202103.pdf
ピーター・レイシー，ヤコブ・ルトクヴィスト(牧岡宏・石川雅宗監訳，アクセンチュア・ストラテジー訳)(2019)『新装版サーキュラー・エコノミー――デジタル時代の成長戦略』日本経済新聞出版.
Porter, M. E., and Claas van der Linde (1995), Green and Competitive: Ending the Stalemate, *Harvard Business Review*, Vol. 73, no. 5 (September-October 1995).
WSP | Parsons Brinckerhoff in association with Farrells (2016), MAKING BETTER PLACES: Autonomous vehicles and future opportunities.

岩波新書より

現代世界

- サピエンス減少　原　俊彦
- ウクライナ戦争をどう終わらせるか　東　大作
- ルポ アメリカの核戦力　渡辺　丘
- ミャンマー現代史　中西嘉宏
- アメリカとは何か　自画像と世界観をめぐる相剋　渡辺　靖
- タリバン台頭　青木健太
- ネルソン・マンデラ　堀内隆行
- 日韓関係史　木宮正史
- 文在寅時代の韓国　文　京洙
- アメリカ大統領選　久保文明／金成隆一
- イスラームからヨーロッパをみる　内藤正典
- アメリカの制裁外交　杉田弘毅
- ルポ トランプ王国2　金成隆一
- 2100年の世界地図　アフラシアの時代　峯　陽一
- フォト・ドキュメンタリー 朝鮮に渡った「日本人妻」　林　典子
- サイバーセキュリティ　谷脇康彦
- トランプのアメリカに住む　吉見俊哉
- ライシテから読む現代フランス　伊達聖伸
- ベルルスコーニの時代　村上信一郎
- イスラーム主義　末近浩太
- ルポ 不法移民　アメリカ国境を越えた男たち　田中研之輔
- 習近平の中国　百年の夢と現実　林　望
- 日中漂流　毛里和子
- 中国のフロンティア　川島　真
- シリア情勢　青山弘之
- ルポ トランプ王国　金成隆一
- ルポ 難民追跡　バルカンルートを行く　坂口裕彦
- アメリカ政治の壁　渡辺将人
- プーチンとG8の終焉◆　佐藤親賢
- 香港　中国と向き合う自由都市　倉田　徹／張　彧暋
- 〈文化〉を捉え直す　渡辺　靖
- イスラーム圏で働く　桜井啓子編
- 中南海　知られざる中国の中枢◆　稲垣　清
- フォト・ドキュメンタリー 人間の尊厳　林　典子
- ㈱貧困大国アメリカ　堤　未果
- 女たちの韓流　山下英愛
- 新・現代アフリカ入門　勝俣　誠
- 中国の市民社会　李　妍焱
- 勝てないアメリカ◆　大治朋子
- ブラジル 跳躍の軌跡　堀坂浩太郎
- 非アメリカを生きる◆　室　謙二
- ネット大国中国　遠藤　誉
- ジプシーを訪ねて　関口義人
- 中国エネルギー事情　郭　四志
- アメリカン・デモクラシーの逆説　渡辺　靖
- ユーラシア胎動　堀江則雄
- オバマ演説集　三浦俊章編訳
- ルポ 貧困大国アメリカII　堤　未果
- オバマは何を変えるか　砂田一郎
- 平和構築　東　大作

(2023.7)　◆は品切，電子書籍版あり．　(E1)

ネイティブ・アメリカン　鎌田 遵
アフリカ・レポート　松本仁一
ヴェトナム新時代　坪井善明
ルポ 貧困大国アメリカ　堤 未果
エビと日本人 II　村井吉敬
欧州連合 統治の論理とゆくえ　庄司克宏
いま平和とは　最上敏樹
サウジアラビア　保坂修司
中国激流 13億のゆくえ　興梠一郎
多民族国家 中国　王 柯
ヨーロッパとイスラーム　内藤正典
多文化世界　青木 保
デモクラシーの帝国　藤原帰一
パレスチナ〔新版〕◆　広河隆一
人道的介入　最上敏樹
異文化理解　青木 保
ロシア市民　中村逸郎
南アフリカ「虹の国」への歩み　峯 陽一

ビルマ「発展」のなかの人びと　田辺寿夫
東南アジアを知る　鶴見良行
獄中19年　徐 勝
チェルノブイリ報告　広河隆一
エビと日本人　村井吉敬
バナナと日本人　鶴見良行
アフリカの神話的世界　山口昌男
韓国からの通信　T・K生 「世界」編集部編
この世界の片隅で◆　山代 巴編